"十四五"职业教育国家规划教材

黑龙江省"十四五"职业教育规划教材

高等职业教育烹饪工艺与营养专业教材

# 中式面点制作实训教程

（第二版）

Zhongshi Miandian Zhizuo Shixun Jiaocheng

刘居超　于梦晗　王幸幸◎主编

U0220089

二维码使用说明

二维码视频密码
为本书书号：
9787518435869

中国轻工业出版社

**图书在版编目（CIP）数据**

中式面点制作实训教程 / 刘居超，于梦晗，王幸幸
主编. —2版. —北京：中国轻工业出版社，2025.1
高等职业学校烹饪工艺与营养专业教材
ISBN 978-7-5184-3586-9

Ⅰ.①中… Ⅱ.①刘…②于…③王… Ⅲ.①面食—
制作—中国—高等职业教育—教材　Ⅳ.① TS972.116

中国版本图书馆CIP数据核字（2021）第140128号

责任编辑：方　晓　贺晓琴　　责任终审：张乃东　　整体设计：锋尚设计
策划编辑：史祖福　　　　　　责任校对：朱燕春　　责任监印：张　可

出版发行：中国轻工业出版社（北京鲁谷东街5号，邮编：100040）
印　　刷：艺堂印刷（天津）有限公司
经　　销：各地新华书店
版　　次：2025年1月第2版第4次印刷
开　　本：787×1092　1/16　印张：12.75
字　　数：261千字
书　　号：ISBN 978-7-5184-3586-9　定价：58.00元
邮购电话：010-85119873
发行电话：010-85119832　010-85119912
网　　址：http://www.chlip.com.cn
Email：club@chlip.com.cn
版权所有　侵权必究
如发现图书残缺请与我社邮购联系调换
242710J2C204ZBW

# 前言

习近平总书记强调未来必须坚持"科技是第一生产力""人才是第一资源"和"创新是第一动力",要深入实施科教兴国战略、人才强国战略、创新驱动发展战略,为全面建设社会主义现代化国家,全面推进中华民族伟大复兴而团结奋斗。随着社会的不断发展,信息化网络化快速更新,我国的教育事业也得到了全面提升。2019年1月,国务院印发的《国家职业教育改革实施方案》(国发〔2019〕4号)中提出:建设一大批校企"双元"合作开发的国家规划教材,倡导使用新型活页式、工作手册式教材并配套开发信息化资源。为顺应职教发展趋势,结合工作实际,进行新型活页式、工作手册式教材的开发建设成为一个新的课题,倡导运用现代信息技术改进教学方式方法,对教学教材的信息化建设提供了更广泛的政策支持和保障,对职业教育的发展具有极其重要的意义。

餐饮业是第三产业的重要组成部分,中国共产党第十九次全国代表大会吹响了全面建成小康社会的号角,作为人民基本需求的饮食生活,餐饮业的发展,不仅关系到能否扩内需、促消费、稳增长、惠民生方面发挥市场主体的重要作用,还关系到能否满足人民对美好生活的向往、实现全面建成小康社会的目标。一个产业的发展,离不开人才的支撑,科教兴国、人才强国是我国发展的关键战略。

高等职业院校餐饮类专业培养的人才数量在从事餐饮行业的人员中直线上升,因此,我们要结合餐饮行业的特点和人才的需求特点,根据国家对职业教育的发展意见,不断推进教学改革,改进教学方法,提高教学质量,努力办好人民满意的教育,为党育人、为国育才,真正把学习贯彻党的二十大精神的具体成效转化为工作实效,尽快为社会培养更多更好的餐饮人才。

根据近年来面点工艺的发展情况,紧密结合职业院校餐饮服务类专业人才培养目标,在借鉴以往教学经验的基础上,我们与多家行业企业合作,不断与行业企业专家进行探讨和创新,将2016年出版的实训教材《中式面点制作实训教程》进行重新修订,重点将该教材中的部分实训品种进行更新,在创新与开发中兼顾前沿知识的传授,并将每一个实训产品配套了演示视频,同时将教材开发为活页工作手册形式,每个任务后面均配有电子版活页笔记，增加了信息化元素，为学生们提供更为便捷的学习模式。

本教材根据面点行业的实际需要，以培养学生的综合职业能力为核心，强调培养学生的面点基础知识、独立操作能力、开发创新能力，采用项目任务化方式来组织教学内容。主要内容包括八个模块：面坯的分类及工艺原理、水调面团制品实训、膨松面团制品实训、油酥面团制品实训、米及米粉面团制品实训、杂粮面团制品实训、其他类面团制品实训、现代面点的创新与开发。全书理论讲解精练、浅显易懂，每个模块配合有针对性的真实实训任务，使理论与实践紧密结合；同时每个任务配有学习笔记，包括重难点解析、任务问答、任务完成结果与产品质量、学生与教师的评价、完成任务总结与感悟、作品展示等，帮助学生进行总结归纳，力争契合餐饮专业人才培养的灵活性、适应性和针对性，符合岗位对烹饪、面点专业人才知识、技能、能力和素质的要求。

本教材由黑龙江旅游职业技术学院餐饮管理学院党总支书记、注册中国烹饪大师、国家一级评委、省级教学名师刘居超、黑龙江旅游职业技术学院餐饮管理学院面点专业骨干教师于梦晗和黑龙江旅游职业技术学院教师、国家大赛金牌获得者王幸幸担任主编。黑龙江旅游职业技术学院餐饮管理学院面点专业教研室主任杨君、黑龙江旅游职业技术学院餐饮管理学院面点专业骨干教师刘洁、黑龙江旅游职业技术学院餐饮管理学院中西餐专业教研室主任刘侃、黑龙江旅游职业技术学院餐饮管理学院院长吴非和黑龙江工程学院经济管理学院教师、博士研究生邵雯担任副主编。黑龙江旅游职业技术学院餐饮管理学院营养配餐专家卢亚萍教授，黑龙江省龙菜产业协会理事、中国烹饪大师房双岭，军恒汇（上海）企业管理咨询有限公司中点主厨韩红香，军恒汇（上海）企业管理咨询有限公司厨师长黄佳龙参编，由黑龙江省龙菜产业协会秘书长、元老级中国烹饪大师、国家一级评委任家常主审。

本教材充分体现了校企结合、权威指导、理实一体、强化技能、贴近岗位、版式灵活、图文并茂、纸数融合发展的特点，以期打造成一本纸数融合的新形态一体化教材。获得2022年教育部人文社会科学规划基金——"岗课证赛"融通的职业教育新形态教材研究（项目编号：22YJA880032）。

在本教材的编写过程中，参阅了许多相关的文献资料以及一些相关企业和网站的资料，在此一并向相关作者表示最诚挚的谢意！衷心希望本教材能够在相关课程的教学过程中发挥积极作用，并能够得到广大读者的青睐，也希望在本教材的使用过程中，通过教学实践的检验和实际问题的解决，能够不断得到改进、完善和提高。

编者

# 目录

模块七　其他类面团制品实训

模块八　现代面点的创新与开发

模块一

# 面坯的分类及工艺原理

## 学习目标

- 知识与技能目标

  1. 能够熟练掌握不同面团的定义、成团原理、分类及其特点

  2. 能够熟练掌握不同面团成团的影响因素

  3. 能够熟练掌握不同面团的调制技法

- 过程与能力目标

  1. 能够根据制品的特点采用不同技法调制面团

  2. 能够根据制品的特点掌握调制面团的技术关键点

  3. 能够通过学习和训练培养学生开发创新的意识

- 道德、情感与价值观目标

  1. 培养学生的节约意识和安全卫生习惯

  2. 培养学生的团队意识和沟通能力

  3. 培养学生的审美意识和职业素养

学习笔记

# 项目 1　水调面团

　　水调面团是指将面粉和水直接拌和，不经发酵而形成的组织较为严密的面坯。它是面点生产过程中常用的面团，用水调面团制作的面点十分丰富。根据水温的不同，水调面团可分为冷水面团、温水面团、热水面团三大类，不同水温所调制出的水调面团的性质也不相同。

　　一般来说，水调面团的性质及形成原理如下：组织严密，质地坚实，内部无蜂窝状组织，体积不膨胀，但富有弹性、韧性、延伸性或可塑性，故又称为"死面""呆面"，成熟后成品形态不变，吃起来爽口而筋道，皮虽薄却能包住汤汁，具有弹性而不疏松，炸则酥脆、香。但由于水温性质的变化，产生的各种水调面团之间的性质也有所不同，这是因为面粉中蛋白质、淀粉的性质随水温的变化发生不同变化的结果。

重/难点解析

∷重点

## 1. 蛋白质与水温的关系

　　根据实验，蛋白质在常温下吸水率高，不发生变性，通过反复揉搓，蛋白质含有的亲水成分能将水吸附在周围，显示出胶体性能，形成柔软而有弹性的胶体组织——面筋。面筋的胀润作用随温度的升高而增加。当水温升至30℃时，此时面筋的胀润作用已达顶点，蛋白质吸水率正常，为150%左右，面筋的筋力最强，能将其他物质紧密地包住。通过反复揉搓，面筋的网络作用增强，面团就变得光滑、有劲，并有弹性和韧性。

∷难点

　　当水温升至50℃左右时，蛋白质虽然没有发生热变性，但也接近变性，蛋白质可以形成面筋，却又受到一定程度的限制，所以，此时蛋白质所形成的面筋筋力已经没有30℃那么强了，吸水率也趋于饱满。因此，面团柔中有劲，筋力下降，但有较强的可塑性，成品不易走样。

　　当水温升至60～70℃时，蛋白质就开始发生热变性而凝固，吸水量逐步呈下降趋势，蛋白质吸水形成面筋的能力遭到破坏，并且温度越高，时间越长，其破坏作用越大。80℃时，则蛋白质完全熟化。因此，用70℃以上的水温调制的面团，其延伸性、弹性、韧性都较差，而可塑性却有所增强。

## 2. 淀粉与水温的关系

　　面粉中的淀粉主要以淀粉颗粒的形式存在。淀粉颗粒由直链淀粉分

学习笔记

子和支链淀粉分子有序集合而成，外表由蛋白质薄层包围。淀粉颗粒结构有晶体和非晶体两种形态，通过淀粉分子间的氢键连接起来。淀粉颗粒不溶于冷水，在常温条件下基本没有变化，吸水率和膨胀性很低。水温在30℃时，淀粉颗粒只能吸收30%左右的水分，淀粉颗粒不膨胀仍保持硬粒状态；当水温达到50℃以上时，淀粉颗粒开始明显膨胀，吸水量增大；当水温达到60℃时，淀粉颗粒开始糊化，形成黏性的淀粉溶胶，这时淀粉的吸水率大大增加。淀粉糊化程度越大，吸水越多，黏性也越大。

淀粉糊化作用的本质是淀粉中有规则状和无规则状（晶体和非晶体）的淀粉分子之间的氢键断裂，分散在水中成为胶体溶液。

淀粉糊化作用的过程可分为三个阶段。第一阶段，可逆吸水阶段：当水温未达到糊化温度时，水分只能进入到淀粉颗粒的非结晶区，与非结晶区的极性基团相结合或被吸附。在这一阶段，淀粉颗粒仅吸收少量的水分，晶体结构没有受到影响，所以淀粉外形未变，只是体积略有膨胀，黏度变化不大，若此时取出淀粉颗粒干燥脱水，仍可恢复成原来的淀粉颗粒。第二阶段，不可逆吸水阶段：当水温达到糊化开始温度，热量使得淀粉的晶体运动动能增加，氢键变得不稳定，同时水分子动能增加，冲破了晶体的氢键，进入到结晶区域，使得淀粉颗粒的吸水量迅速增加，体积膨胀到原来体积的50～100倍，进一步使氢键断裂，晶体结构破坏。同时，大量直链淀粉溶于水中，成为黏度很高的溶胶。糊化后的淀粉，晶体结构解体，变成混乱无章的排列，因此无法恢复原来的晶体状态。第三阶段，温度继续上升，膨胀的淀粉颗粒最后分离解体，黏度进一步提高。

重/难点解析

::重点

由此可知，用冷水调制面团时，淀粉基本上不发生改变，用温水调制面团，淀粉开始发生变化，并以自身的黏性参与成团，但参与成团的作用并不强，此时，面团较冷水面团柔软；当用70℃以上的水调制面团时，淀粉以自身强烈的黏性参与成团，并与其他物质黏合在一起成为团块，面团无筋，更为柔软。

::难点

## 任务1　　　　　调制冷水面团

### 一、冷水面团的性质和特点

冷水面团，就是完全用冷水（30℃以下）和面粉调制而形成的面

学习笔记

团。用冷水调制的面团，主要是蛋白质的溶胀作用形成面筋，将其他物质紧密包住而形成团块的，淀粉不发生变化。因此，冷水面团质地坚实，筋性好，韧性强，劲力大，制出的成品色泽白、爽口、有劲、耐饥、不易破碎；如炸制或煎制成熟，则成品口感香脆，质地较松。此类面团一般适用于煮、煎、烙、炸等烹调方法熟制，如水饺、面条、馄饨、春卷、抻面等。

## 二、冷水面团的调制

### （一）操作程序

配料 ➡ 掺水 ➡ 抄拌 ➡ 揉搓 ➡ 松弛

### （二）调制方法

在调制时，先将面粉倒在案板上（或面缸里），在中间扒一小窝，加入适量的冷水，用手慢慢将四周的面粉由里向外调和、抄拌，待形成葡萄面后（也称为雪花面、麦穗面），再用力揉成团，待揉至面团光滑有劲、质地均匀时，盖上干净的面布松弛一段时间，让面粉颗粒充分吸收水分，再稍揉搓即可。

### （三）调制关键

#### 1. 严格控制水温

重/难点解析

∷重点

冷水面团要求劲足、韧性强、拉力大，因此面筋的形成率高。由前面所述可知，只有在30℃以下，蛋白质才能形成足够的面筋。一般情况下，冬季用稍温的水，但不能超过30℃，春秋季节用凉水，夏季不仅要用冷水，有时还需要加入少量的食盐，以增加面团的筋力。

#### 2. 正确掌握水量

∷难点

掺水的多少，直接影响着面团的性质，也直接影响着面点的成形，水过多或过少，都会给面点制作带来不便，因此水量的多少，要根据具体的品种而定。具体参见表1-1。

表1-1　掺水量对面团质量影响一览表

| 面团种类 | 掺水量/<br>（g/100g面粉） | 适用熟制法 | 特点 | 面点品种 |
|---|---|---|---|---|
| 硬面团 | 35～40 | 煮 | 面硬耐煮，吃口有劲 | 刀切面 |
| 爽面团 | 45～50 | 煮、蒸、煎、炸 | 软硬适当，吃口爽滑，不易裂皮 | 水饺、馄饨 |
| 软面团 | 50～60 | 煮、烙、煎 | 吸水率强，韧性好，面团有劲 | 抻面 |

续表

| 面团种类 | 掺水量/<br>（g/100g面粉） | 适用熟制法 | 特点 | 面点品种 |
|---|---|---|---|---|
| 稀软面团 | 70～80 | 烙、煮 | 可塑性极差，柔软而滑爽 | 拨鱼面 |

学习笔记

掺水时，不能一次加足，需采用分次掺水的方法，可少量多次掺入，防止一次吃不进而外溢，以保证面团合适的软硬程度。

### 3. 面团要揉透

面团的面筋直接受揉搓程度的影响，俗话说"揉能上劲"，面团揉得越透，面团的筋力就越强，面筋越能较多地吸收水分，其筋性和延伸性能越好。有些面点品种，不仅需要揉制，而且还需要运用捩、捣、摔等技术，以增强面团的筋力。

### 4. 要静置醒面

静置醒面的目的在于让调制面团时没有吸足水分的粉粒充分吸足水分，这样可避免面团中夹有小的生粉粒，防止成熟后夹生、黏牙、影响产品外观等，同时粉粒充分吸足水分，更有利于面筋的产生，从而保证冷水面团的特性。醒面时必须盖上保鲜膜，以免风吹后发生结皮现象。

重/难点解析

:: 重点

## 任务2　　　　调制温水面团

## 一、温水面团的性质和特点

温水面团一般是用60℃左右的水和面粉调制而成的水调面团。因其水温在60℃左右，所以蛋白质虽然没有变性，但也接近变性。蛋白质虽然可以产生面筋，但又有一定程度的限制。淀粉虽然吸水量增大，面粉颗粒逐渐胀大，黏性逐渐增强，但其吸水率和胀大率均未达到饱和。因此，温水面团具有色较白、柔软而有韧性，筋力稍差但可塑性较强的特性。其成品不易走样，形态完美，造型逼真，如花色蒸饺、油饼、草帽饼等。花色蒸饺是麦粉类制品中工艺较复杂的品种，用温水面团经过擀皮、上馅、捏制、着色、成熟等，能制作出各种花鸟虫鱼、飞禽走兽及果品等象形面点。

根据温水面团性质要求，温水面团的调制除了直接用温水和面制作外，有用部分面粉加沸水调制成热水面团，剩余面粉加冷水调制成冷水面团，然后将两块面团揉和在一起而制成，即成半烫面，调制方法是把

:: 难点

学习笔记

面粉的50%～70%用沸水烫制调好，再加入30%～50%用冷水调制的面团一起揉匀，这也就是所谓的"三生面""四生面""二生面"（"三生面"是指在十成面粉中，用沸水烫熟七成，用冷水调制三成，然后揉和而成的面团）。也有用沸水打花、冷水调制的方法制作的，所谓沸水打花、冷水调制是指用少量沸水将面粉和成雪花状，待热气散尽后，再加冷水揉至成团，通过沸水的作用使部分面粉中的蛋白质变性、淀粉糊化，从而降低面粉筋度，增加黏柔性，再加冷水调制，使未变性的蛋白质产生溶胀作用而充分吸水形成面筋，使形成的面团既有一定的筋性和韧性，又较柔软，并有一定可塑性。

## 二、温水面团的调制

### （一）操作程序

### （二）调制方法

重/难点解析

:: 重点

　　温水面团的调制方法和冷水面团的调制方法基本相同，只是用水的温度高一些（但不能超过60℃），也可以先将一部分的面粉用沸水烫制，再将另一部分面粉调制成冷水面团，然后再合二为一，揉制成坯。

### （三）调制关键

#### 1. 灵活掌握水温

　　温度将影响面筋蛋白质的溶胀作用和淀粉的糊化作用，从而影响面团的筋力和可塑性。因此，控制好温水面团的水温，会使面团在以上两种作用下成团，使面团既具有一定的筋力，又具有良好的可塑性。调制温水面团的水温要灵活掌握，如夏天气温高，热量不容易散失，水温可略低一点；冬天气温低，调制过程中，热量损耗大，水温要高一些。但

:: 难点

原则上要求在50℃左右。

#### 2. 水量要准确

　　随着水温的升高，淀粉糊化的程度会增加，面粉吸水量增加，反之则减少。因此，面团配方应事先确定，并在操作中准确添加。

#### 3. 和面动作要快

　　掺入温水后需迅速调成面团，将有利于保证水温的准确性，有利于保证面团的性质。否则操作动作缓慢，会使水温下降，将使面团达不到要求。

### 4. 散尽面团中的热气

温水面团调制好以后，要将面团摊开，使面团中热气散尽，否则易使热气郁积于面团内部，使淀粉糊化过度，导致面团内部变软发黏，表皮干裂粗糙，严重影响成品质量。

### 5. 充分揉面

温水面团因有淀粉糊化作用，面团颜色相对于冷水面团要暗，可以加入适量猪油并充分揉面，同时要适度醒面，这样将会使面团颜色变得洁白，面点制品也会看起来更美观。

学习笔记

## 任务3　调制热水面团

### 一、热水面团的性质和特点

热水面团又称"全烫面""开水面""全熟面"，常用80℃以上的水来调制。在这种情况下，蛋白质发生变性、凝固，不起作用，淀粉大量吸水膨胀、糊化，产生黏性。热水面团性质与冷水面团相反，由于用水温度较高，水温使蛋白质发生热变性，面筋质被破坏，导致亲水性降低，筋性减退；而淀粉遇热则大量吸收水分并与水融合，膨胀并形成有黏性的淀粉溶胶，并黏结其他成分而成为黏柔、软糯、细腻、略带甜味（淀粉酶的糊化作用以及淀粉糊化作用分解产生的低聚糖）、可塑性良好、无筋力和弹性的面坯，部分淀粉还分解为单糖和双糖。所以，在烫面成团的原理和性质中主要是淀粉糊化在起作用。烫面团制品成熟后，色泽较暗，呈青灰色，富有甜味，吃口细腻，制品不易走样，易于消化。

烫面一般适宜制作煎烘的品种，如锅贴、春饼、炸糕、炸盒子等，另外如蒸饺、烧卖也用烫面。这些面点皮薄馅多，且多用熟馅，使用烫面，坯皮就很容易成熟。如果用冷水面团，则势必要增加成熟时间，制品易坍塌、穿底漏馅，蒸得不透还会黏牙，不滑爽，所以用烫面最为适宜。

重/难点解析

:: 重点

:: 难点

### 二、热水面团的调制

#### （一）操作程序

下粉 ➡ 洒入沸水 ➡ 拌和 ➡ 散热 ➡ 揉搓 ➡ 盖上保鲜膜醒发

#### （二）调制方法

将面粉倒在案板上，用手扒几道沟，将热水均匀浇在上面，用刮板拌和均匀，成葡萄面，摊开稍凉，散去热气，再揉和成团，盖上保鲜膜即可。另外，调制烫面时（特别在冬季）动作要迅速、敏捷，这样面粉才能烫匀烫透。否则，就达不到烫面的要求。

### （三）调制关键

烫面的要求是黏、柔、糯，其关键就在于烫透、揉透、凉透。根据这些特点，在调制时，要注意以下几个问题。

#### 1. 沸水要浇匀

和面时，沸水要浇匀，这样一方面可使面粉中的淀粉均匀吸水，膨胀和糊化，产生黏性；另一方面可使蛋白质变性，防止产生筋力，把面粉烫透烫熟而不夹生粉，否则，制品成熟后，里面会有白茬，表面不光滑，影响制品质量。

#### 2. 要散尽热气

把沸水烫热的雪花面摊开，要将热气散尽、凉透，否则，做出的制品不但会结皮，而且表面粗糙、容易开裂。

#### 3. 掺水量要准确

用沸水调制面团，因淀粉糊化时大量吸收水分，所以和相同软硬的面团，加水量要比和冷水面团多些。而且在和面时最好是一次掺水成功，不能在成团后调整。如掺水多了，面团太软，再加生粉，既不容易和好，又影响质量；掺水少了，面团干硬，必须费很大劲才能再吃进水分。

## 【相关知识】

在调制面团过程中，影响面筋形成的主要因素包括：面团温度、放置时间、面粉的质量等。

① **面团温度**：在实际生产中，面团的温度主要通过水温来控制。面团的温度对面筋蛋白质吸水形成面筋有很大影响，低温状态下蛋白质吸水胀润迟缓，面筋生成率低，面筋蛋白质在30℃时吸水胀润值最大，其中以麦谷蛋白的吸水能力最强并首先开始吸收水分，其次是麦胶蛋白。温度偏高或偏低都会使面筋蛋白质的吸水胀润值下降，从而使吸水胀润过程迟缓，相应的面筋出成率也低。

② **放置时间**：面筋蛋白质吸水形成面筋需要一段时间，因此将调制好的面团静置一段时间有利于面筋的形成，从而让面筋蛋白质有充分吸水的机会。

③ **面粉的质量**：面粉的质量对面筋的形成也有很大的影响：不正常的面粉（如受冻害小麦、虫蚀小麦、发芽小麦磨制的面粉）中，各种酶的活性很高，使面团黏性增大，面筋生成量减少，吸水率减弱，对制作工艺造成很大影响。另外，面粉中蛋白质含量的多少也会影响面筋的形成：面粉中蛋白质含量低，则调制的面团筋性也差；若面粉中蛋白质含量高，则面团的筋性也强。

# 项目 2 膨松面团

膨松面团是在调制面团的过程中加入适量的膨松剂或采用特殊的膨胀方法，使面团发生生化反应、化学反应或物理变化，从而改变面团的性质，在面团内部产生大量气体，体积膨大的面团。面团在熟制过程中，内部气体受热膨胀，使制品膨松，呈海绵状组织结构。要使面团有膨松的能力，面团就必须同时具备产气能力和持气能力。产气能力即面团要有产生气体的能力，因为面团膨松的实质，就使面团内部气体受热膨胀，使制品膨松柔软，这是面团膨松的前提，持气能力即面团中的面筋网络要有保持气体的能力。如果面团松散无筋，内部的气体就会逸出，达不到膨松的目的。

根据面团内部气体产生的方法不同，膨松面团大致可分为生物膨松面团、化学膨松面团和物理膨松面团。

## 任务1 调制生物膨松面团

### 一、生物膨松面团的性质和特点

生物膨松面团也称为发酵面团，就是在和面时加入酵母或"老面"，和成团后置于适宜的条件下发酵，通过发酵作用，使面团膨松柔软，这种面团就称为生物膨松面团。生物膨松面团具有体积膨大松软、面团内部呈蜂窝状的组织结构、吃口松软、有弹性等特点，一般适用于面包、包子、馒头、花卷等制品。

### 二、生物膨松面团的膨松原理

生物膨松面团是在面团中引入了酵母菌，酵母在繁殖过程中产生二氧化碳气体使面团膨胀。面团发酵过程中，酵母主要是利用酶分解的单糖，进行繁殖产生二氧化碳气体而发酵。

面团调制开始，酵母利用面粉中含有的低糖和低氮化合物而迅速繁殖，此时面团混入大量空气，氧气十分充足，酵母的生命活动也非常旺

学习笔记

盛，酵母进行有氧呼吸。随着二氧化碳不断积累增多，面团中的氧气不断被消耗，慢慢酵母的有氧呼吸被酒精发酵代替。酵母在有氧呼吸过程中能够产生一定热量，是酵母生长繁殖所需热量的主要来源，也是面团温度上升的主要原因，同时也产生一定量的水分，这也是面团发酵后变软的主要原因。酒精发酵过程中，除产生大量二氧化碳气体外，还产生一定量的酒精，酒精和面团中有机酸作用形成酯类，给发酵制品带来特有的香味。

## 三、影响生物膨松面团发酵的因素

### （一）温度的影响

面团的发酵受温度的影响很大，主要是由于酵母菌的生长繁殖活力有较适宜的温度范围，面团发酵的最适温度为28℃，高于35℃或低于15℃都不利于面团的发酵。发酵面团的温度主要取决于水温、气温、发酵过程中产生的热量以及面团搅拌过程中摩擦产生的热量。生产过程中主要根据当时的气候条件，用水温来调节。如夏季用冷水或冰水，春秋季用温水，冬季用温热水，使调制好的面团在最适宜的26℃左右。

### （二）酵母的影响

重/难点解析

:: 重点

#### 1. 酵母（酵种）种类

饮食业中常见的生物膨松剂有以下两种：一是纯酵母菌，有鲜酵母、活性干酵母和即发活性干酵母三种。其使用特点是膨松速度快、效果好、操作方便，但成本高。使用时最好先用温水活化，可提高它们的发酵力。二是酵种（又称面肥、老面等），即前一次用剩的酵面。使用特点是成本低廉、发酵速度慢、发酵时间长、制作难度大、易产生酸味，需加碱中和。面肥发酵，隔天的酵种发酵力较强，膨松质量和效果都较好。

:: 难点

#### 2. 酵母发酵能力

酵母发酵能力是指在面团发酵中，酵母进行有氧呼吸和酒精发酵产生二氧化碳气体使面团膨胀的能力。影响酵母发酵能力的主要因素是酵母的活力，活力旺盛的酵母发酵能力大，而活力衰竭的酵母发酵能力低。因此，酵母在使用时，一次没能用完的要及时密封，防止酵母暴露在空气中衰竭而降低发酵能力。如长时间暴露在空气中则要加大其用量，或停止使用，以免影响发酵效果。

#### 3. 酵母用量

在酵母发酵能力相等的条件下，酵母用量越多，则发酵速度越快，酵母用量过少会使面团发酵速度显著减慢。但研究表明，加入酵母数量过多时，它的繁殖率反而下降。所以，酵母的用量应根据气候、水温及制作品种等具体情况灵活掌握，一般情况下以加入面粉量的1%左右为宜。

### （三）面粉的影响

面粉对发酵的影响主要是面筋和淀粉酶的作用。面筋具有很强的韧性，在面团中形成面筋网络既具有包裹气体、阻止气体逸出的能力，也具有抵抗气体膨胀的能力，面粉面筋含量过少，筋力不足，酵母发酵所产生的气体就不能保持，面团不能膨松胀发；面筋过多，筋力过强，也会阻碍面团的膨胀，达不到理想的发酵效果。要根据具体品种要求灵活选择筋性不同的面粉。酵母在面团发酵过程中，仅能利用单糖，面粉中单糖的含量很低，大部分单糖都是淀粉在淀粉酶的作用下转化来的，若面粉变质或经过高温处理，淀粉酶就会受到破坏，这将直接影响酵母的繁殖，降低其产生能力。

### （四）面团硬度的影响

一般情况下，含水量多的面团，面筋易发生水化作用，容易被拉伸，因此，发酵时易膨胀，面团发酵速度快，但面团太软，保持气体能力差，气体易散失。掺水量少的面团则相反，它具有较强的持气性，但发酵速度较慢。所以，面团过软或过硬都会影响发酵的效果。和面时的加水量一定要适当，要根据制品的要求、气温、面粉性质、含水量等因素来掌握。

重/难点解析

∷重点

### （五）发酵时间的影响

在同等的适宜条件及发酵能力相等的条件下，发酵时间的长短对发酵面团的质量有重要影响。发酵时间过短，面团不胀发，影响成品的质量；发酵时间过长，面团变得稀软无筋，若面肥发酵则酸味强烈，成熟后软塌不松发。因此，发酵时间长短要根据成品要求综合考虑。

### （六）渗透压的影响

酵母菌属于单细胞生物，细胞外围有一层半透明性的细胞膜，当细胞周围有高浓度的盐或糖产生渗透压时，酵母菌体内原生质就会渗出细胞，造成质壁分离而无法生长繁殖。因此，在调制生物膨松面团时要注意糖和盐的使用量。酵母在发酵过程中需要糖，糖的使用量在面粉的量的20%以内时可促进酵母发酵；大于20%时，形成较高的渗透压就会抑制酵母发酵。食盐可增强面筋筋力，使面团的稳定性增大。但食盐的用量超过1%时，对酵母活性就具有抑制作用。

∷难点

## 四、生物膨松面团的调制

生物膨松面团经常使用的生物膨松剂有两种，所以生物膨松面团的调制方法也有两种：一种是用纯酵母调制生物膨松面团；另一种是用酵种调制生物膨松面团。

## （一）纯酵母生物膨松面团的调制

纯酵母生物膨松面团的调制根据制品要求不同分为普通发酵面团和面包发酵面团两种，普通发酵面团在调制时要求不高，适合制作包子、馒头、花卷等；面包发酵面团用来制作面包，面团调制方法要求准确。

### 1. 操作程序

配料 → 掺水 → 搅匀 → 抄拌 → 揉搓 → 醒面

### 2. 调制方法

普通发酵面团的调制：将面粉与泡打粉拌匀，一起放入案板上开窝，加入酵母、绵白糖，然后加水（水温根据季节灵活掌握），将酵母和绵白糖搅化后，与面粉和成团，充分揉匀、揉透至面团光滑后，盖上保鲜膜静置发酵。

面包发酵面团的调制：将面粉、奶粉、酵母、改良剂一同倒入搅拌缸内，低速拌匀，盆内加入砂糖、鸡蛋、水搅拌至砂糖溶化，加入到搅拌缸内，用低速搅拌成团，加入食盐，改中高速搅拌至面团扩展阶段（面团表面光滑、干燥，面筋易断）加入油脂，改低速拌匀，后改中高速搅拌至面团完全扩展阶段（面团表面稍湿润，用手向四面拉面团，能够形成较薄的薄膜状），然后将面团置于温度为30℃、相对湿度为75%的醒发箱中发酵90～120min即可。

### 3. 调制关键

（1）严格把握面粉的质量　制作不同的面点品种，对面粉的要求不一样，一般制作包子、馒头、花卷选用中筋面粉，而制作面包则选用高筋面粉。

（2）控制水温和水量　要根据气温、面粉的用量、保温条件、调制方法等因素来控制水温，原则上以面团调制好后，面团内部的温度在26℃左右为宜。制作品种不同，加水量也有差别，要根据具体品种决定加水量。

（3）掌握酵母的用量　酵母用量过少，发酵时间长；酵母用量太多，其繁殖率反而下降。酵母的用量一般占面粉量的1%左右。

（4）面团一定要揉透揉光，否则，成品不膨松，表面不光洁。

（5）如果配方中需加入食盐，尽量避免与酵母直接接触，防止在酵母周围形成较大的渗透压，抑制酵母发酵。可在面团成团后将食盐揉入。

**（二）酵种生物膨松面团的调制**

**1．酵种生物膨松面团的分类**

根据面团的发酵程度和调制方法的不同，用酵种调制发酵面团可分为大酵面、嫩酵面、戗酵面、碰酵面和烫酵面。

（1）大酵面　是将面粉内加入酵种及水和成面团，经一次发足而成的发酵面团。发酵成熟的面团，其特点是膨大松软、制品色白。大酵面用途广泛，常用于制作馒头、包子、花卷等制品。

（2）嫩酵面　是没有发足的酵面，即用面粉加入酵种及水调制，稍醒发后即可使用的面团。调制面团时发酵时间短，相当于大酵面1/3～1/2的时间。其特点是没有发足，松发中有一定的韧性，延伸性较强，质地较为紧密。嫩酵面可用于制作小笼包、汤包、千层油糕等制品。

（3）戗酵面　是在大酵面中戗入干面粉揉制成的面团。这种面团有两种不同的戗制方法：一是在兑好碱的大酵面团中，掺入一定量干粉调制而成，用它做出的成品，吃口干硬，有咬劲；二是在酵种中掺入50%的干粉调制成团进行发酵，要求发足、发透，然后加碱制成半成品。其特点是面团较软，没有筋性，其制品表面开花，绵软香甜，可制作开花馒头等制品。

（4）碰酵面　是用较多的酵种与温水、面粉调制成的发酵面团，性质与大酵面相同，是大酵面的快速调制法。面团调制时一般酵种占四成，面粉占六成，或者各占一半。其特点：膨松柔软、随制随用，可使饮食店连续生产，但质量略逊于大酵面。碰酵面常用于制作各式包子、花卷等制品。

（5）烫酵面　就是把面粉用热水烫熟，拌成雪花状，稍冷后再加入老酵揉制而成的酵面。其特点是筋性小、柔软、微甜。可制作黄桥烧饼、麻酱排等制品。

**2．酵种生物膨松面团的调制方法**

（1）酵种的培养　饮食行业一般将前一次使用剩下的酵面作为酵种，具体做法是将剩下的发酵面团加水调散，放入面粉揉和，在发酵盆内发酵，发酵24h左右即成酵种。如果没有发酵面团则需重新培养。常用的有白酒培养法、酒酿培养法两种。白酒培养法是在面粉中掺入酒和水揉成面团，经一段时间即可成为新酵种，具体用量一般为500g面粉，掺入100～150g白酒、200～250g水。酒酿培养法是在面粉中掺入酒酿和水揉成面团，放入盆内盖严，经过一段时间即发酵成酵种，具体用量一般为500g面粉，掺入250g酒酿，水200g左右。

（2）酵种发酵面团的调制方法　面粉置于案板上开窝，加入酵种（先

学习笔记

重/难点解析

:: 重点

:: 难点

用少量水调散），再加入水拌匀，然后用调和法调制成团，反复揉制，至面团光滑，放置适宜环境内发酵，发酵完成后正确兑碱即可使用。

### 3. 调制关键

（1）熟悉酵种的性能　要根据酵种的老嫩程度，控制其使用量。

（2）控制发酵时间　要根据酵面种类、成品的要求、气候条件等掌握发酵时间。

（3）正确使用兑碱的形式与方法　目前饮食业常用的兑碱形式有干碱法和碱液法两种。干碱法是指将碱面直接加入发酵面团的方法；碱液法一般是将碱加温水兑成溶液后再加入面团，一般50g碱加温水30g。兑碱时多采用擦碱法加碱。操作时在案板上撒一层干粉，把酵面放上，摊开酵面将碱水浇在面团上，将面团卷起，横过来，双手交叉，用拳头和掌根向两边擦开，由前向后再卷起。如此反复至碱水均匀分布在面团中即可。如今较多的餐饮业则改用和面机和面、压面机压光的方法调制面团。

（4）正确掌握酵种发酵面团的兑碱量　生物膨松面团兑碱量是酵种制作发酵制品的关键技法之一，用碱量的多少要根据酵面种类、气候条件、水温、成熟方法、成品要求等因素综合考虑。在实际操作中鉴别发酵面团的兑碱情况以感官鉴定方法为主。具体感官检验标准见表1-2。

#### 表1-2　感官验碱标准

| 方法 | 面团或面剂的特征 | 加碱量 |
|---|---|---|
| 嗅 | 有面香气味 | 正碱 |
| | 酸味 | 碱少 |
| | 碱味 | 碱大 |
| 尝 | 面香味、甜滋味 | 正碱 |
| | 酸味、黏牙 | 碱少 |
| | 碱味、发涩 | 碱大 |
| 听 | 用手拍面，发出敲木鱼的"砰砰"声 | 正碱 |
| | 用手拍面，发出松而空的"噗噗"声 | 碱少 |
| | 用手拍面，发出硬实的"啪啪"声 | 碱大 |
| 看 | 剖面上孔洞均匀，呈圆形，如芝麻大小 | 正碱 |
| | 剖面上孔洞大而多，呈椭圆形，大小不一，分布不均 | 碱少 |
| | 剖面上孔洞小而密，呈扁长形 | 碱大 |

续表

| 方法 | 面团或面剂的特征 | 加碱量 |
|---|---|---|
| 揉 | 软硬适宜，不黏手，有一定筋力 | 正碱 |
| | 松软没劲，黏手 | 碱少 |
| | 筋力大，滑手 | 碱大 |
| 试样（蒸、烧、烤） | 色白，味香，形态饱满，膨松 | 正碱 |
| | 色暗，味酸，表面结块，呈油色 | 碱少 |
| | 有碱味，涩嘴 | 碱大 |

学习笔记

（5）面团要调匀揉透　手工和面揉面劳动强度较大，可用和面机、压面机操作，这样速度快、质量好。

## 五、生物膨松面团发酵程度的鉴定

生物发酵面团的发酵程度，主要通过感官来鉴定，有如下三种情况：第一种发酵正常，用手按有弹性，质地光滑柔软；切开酵面，剖面有许多均匀小孔，可嗅到酒香味；第二种发酵不足，用手按面团不膨松，切开酵面无孔或孔小，无酒香味或很少；第三种发酵过头，用手按过，手离开后凹陷比手接触过的面积大，面团无筋力，切开酵面，剖面孔洞多而密，酸味很重。

重/难点解析

∷重点

## 任务2　　调制化学膨松面团

∷难点

## 一、化学膨松面团的性质及特点

化学膨松面团是指在面团中加入一种或多种化学膨松剂而调制成的面团。面团利用了化学膨松剂的化学特性，使面团在调制、成形或成熟等过程中产生一定的气体，使熟制的成品具有膨松、酥脆的特点。这类面团适合制作烘烤类、油炸类制品，如甘露酥、桃酥、萨其马、油条、松酥类饼干等。

## 二、化学膨松面团的膨松原理

化学膨松面团膨松的基本原理是化学膨松剂在面团中发生化学反应，产生气体，气体在成熟时受热膨胀，使制品内部形成多孔组织，具有疏松或酥脆的口感，有的膨松剂掺入面团后就发生化学反应，有的膨松剂在成熟过程中受热分解发生化学反应才产生大量的气体。常用的化学膨松剂主要有小苏打、臭粉、发粉等。

## （一）小苏打

小苏打学名碳酸氢钠，为白色粉末，分解温度为60～150℃，受热时反应式如下：

$$2NaHCO_3 \xrightarrow{\text{加热}} Na_2CO_3 + CO_2 \uparrow + H_2O$$

## （二）臭粉

臭粉学名碳酸氢铵，白色结晶，分解温度为30～60℃，加热反应式如下：

$$NH_4HCO_3 \xrightarrow{\text{加热}} NH_3 \uparrow + CO_2 \uparrow + H_2O$$

臭粉在分解时同时产生氨气和二氧化碳气体，因而其膨松能力比小苏打大2～3倍，制品中常残留有刺激味的氨气，影响制品的风味，所以使用时要控制用量。此外，臭粉的分解温度很低，往往在制品成熟前就分解完毕，所以它常和小苏打一起配合使用。

## （三）发粉

重/难点解析

:: 重点

:: 难点

发粉又称泡打粉，它是由酸式盐、碱式盐、淀粉和脂肪酸等共同组成的混合物，在起膨松作用时主要是酸式盐与碱式盐中和产生气体，主要的酸式盐有：酒石酸氢钾、酸性磷酸钙、酸式焦磷酸盐、硫酸铝钠等；碱式盐一般为小苏打。根据混合物中酸式盐的不同，也就是按反应速度的快慢或反应温度的高低可分为快速泡打粉、慢速泡打粉和双效泡打粉三种，如今的行业中主要使用的为双效泡打粉。快速泡打粉在常温下就开始发生中和反应释放出二氧化碳气体，它主要的酸式盐有酒石酸氢钾、酸性磷酸钙等。慢速泡打粉在常温下很少释放二氧化碳气体，主要是在受高温后发生反应放出二氧化碳气体，它主要的酸式盐为酸式焦磷酸盐、硫酸铝钠等。双效泡打粉一般是由快速泡打粉和慢速泡打粉混合而制成的，在常温下约释放出1/5～1/3的气体，2/3～4/5的气体在制品受热成熟过程中释放。

由于发粉是根据酸碱中和反应原理而配制的，其水溶液基本呈中性，没有碱性膨松剂的特点，其生成残留物为弱碱性盐类，对制品没有不良的影响。市场上的双效泡打粉，又称双重泡打粉，按其中原料的成分又称为无铝双效泡打粉，一般由酸性膨松剂（焦磷酸二氢二钠、葡萄糖酸内酯、磷酸氢钙、酒石酸氢钾等）和碱性膨松剂（碳酸氢钠、碳酸氢铵、碳酸氢钾和轻质碳酸钙等）以及淀粉等复配而成；另外还有一些香甜型的双效泡打粉，其中添加了少量的糖精钠和香兰素等增甜、增香的添加剂。

"多、快、好、省"是双效泡打粉的重要特点：所谓"多"，即泡打粉的产气量多；所谓"快"，即泡打粉应用起来，见效快、反应快、膨松快；所谓"好"，即应用效果好；所谓"省"，即应用成本低。尽管泡打粉有少许的香味，但切记不能添加过量，否则因生成残留物过量也会使成品出现苦涩的味道，其添加量通常不要超过面粉的量的2%~3%。

## 三、化学膨松面团的调制

### （一）调制方法

在化学膨松面团的调制中，较为复杂的是矾碱盐面团，其他的可以看作是一般的化学膨松面团。

#### 1. 一般化学膨松面团的调制方法

一般化学膨松面团的主要用料有油、糖、蛋、粉及化学膨松剂。调制时先将面粉过筛（如选用泡打粉或小苏打则与面粉一同过筛），置于案板上开窝（较大），加入油脂与糖搓擦均匀，至糖融化，分次加入鸡蛋调和均匀（如选用臭粉为化学膨松剂，则在此时加入），然后用左手拿刮板向中间刮面粉，右手掌伸平，采用复叠法从上向下压粉料，反复多次压制成团后即可成形。

#### 2. 矾碱盐面团的调制方法

取一不锈钢面盆置于案板上，加入一定比例的矾（细末）、碱、盐，再加入称量好的水，右手自然弯曲，五指分开，伸入水中顺时针快速搅拌至起"矾花"，放入面粉，双手手指张开，沿盆边伸入盆底部，双手从下到上反复抄拌，使水面交融，形成面穗，这时双手蘸水反复擩面，使面成团，然后双手捣面，使面向盆四周扩散，随捣随把四周的面向中间折叠，捣擩至一定程度将面团翻个，用油布盖严，醒20min左右，去掉油布，将面翻过来继续捣擩，如此反复捣擩四五次，将面团翻过来，光面朝上，表面刷油，盖上油布醒制备用。

### （二）调制关键

#### 1. 一般化学膨松面团的调制关键

（1）和面时注意手法，面团调制时主要采用叠的手法，主要是避免更多的面筋形成而使制品失去膨松、酥脆的特点。所以，要注意尽量少揉制或者不揉制。

（2）在使用膨松剂时要注意其自身的特点，比如臭粉分解后会产生

学习笔记

重/难点解析

::重点

::难点

学习笔记

氨气，如不能完全挥发会使制品无法食用，臭粉本身是结晶颗粒，为了使其在成熟过程中挥发完全，在调制面团时应将其先用水溶解。

（3）严格掌握各种化学膨松剂的用量，如小苏打用量过多会使制品颜色发黄，口味发涩。

（4）调制面团时不宜使用热水，因为化学膨松剂受热会立即分解，一部分二氧化碳或氨气易散失掉，影响制品的膨松效果。

（5）和面时要将面团调制均匀，否则制品成熟后表面会出现黄色斑点，影响起发和口味。

**2. 矾、碱、盐膨松面团的调制关键**

（1）严格掌握矾、碱、盐的比例。配制矾碱盐水溶液时会有"矾花"生成，矾、碱、盐的比例也就是生成"矾花"的质量将直接影响制品的质量。调制水溶液时生成的"矾花"越多，制品的质量越好。如果调制的水溶液没有"矾花"，则要倒掉重新配制。检验矾、碱的比例方法有三种：一是听响声，矾、碱、盐加入水以后，矾、碱发生反应，会产生唧唧响声，如响声过长，持续不断，说明碱小；如响声过短，甚至没有响声则说明碱大；响声正常（不长不短），说明矾、碱比例恰当；二是看泡沫，如"矾花"表面泡沫过大过多则碱少，如果泡沫过少过小，甚至没有泡沫则碱大，如泡沫适中均匀则矾、碱比例正常；三是看油花，方法是将水溶液滴入装有油的透明容器内，若水滴成珠并带"白帽"，则为正常，若"白帽"多而水珠小于"白帽"的为碱小，水滴在油内有摆动，说明碱大。

（2）正确掌握水温。一般情况下，水的温度要随着季节的变化而变化，调制矾、碱、盐面团一般用低温水，水温过高，矾碱反应提前进行，气体逸散，炸制时制品就不松泡。冬季水温在45℃左右，夏季在20℃左右，春秋在30℃左右。

（3）正确掌握和面方法。

（4）灵活掌握醒面的时间。醒面时间一般是冬长夏短，夏季3~4h，冬季6h以上。

重/难点解析

:: 重点

:: 难点

**任务3    调制物理膨松面团**

**一、物理膨松面团的性质和特点**

物理膨松面团是指利用鲜蛋或油脂作调搅介质，依靠蛋白的起泡性或油脂的打发性，经高速搅打来打进和保持气体，然后加入面粉等原料

学习笔记

调制而成的面团。根据主要用料的不同，物理膨松面团有两种形式：一种是以鸡蛋为主要膨松原料，同其他原料一起高速搅打或经高速搅打后分次加入其他原料调制而成，称为蛋泡面团，其代表品种有清蛋糕、戚风蛋糕等；另一种是以油脂（固态油脂）为主要膨松原料，经高速搅打后加入鸡蛋、面粉等原料调制而成，称为油蛋面团，其代表品种有各种重油蛋糕。

物理膨松面团具有细腻柔软、松发孔洞均匀、呈海绵状，成品质地暄软、口味香甜、营养丰富的特点。

## 二、物理膨松面团的膨松原理

### （一）蛋泡面团的膨松原理

蛋泡面团的膨松主要是依靠蛋白的起泡性，因为蛋白是一种亲水黏稠胶体，具有良好的起泡性能。蛋液经快速而连续的搅打后，使空气进入液体内部而形成泡沫，蛋白中的球蛋白降低了表面张力，增加了黏度，黏蛋白和其他蛋白经搅打产生局部变性形成薄膜，将混入的空气包围起来。同时由于蛋液的表面张力迫使泡沫成为球形，加上蛋白胶体具有黏度和加入的原料附着在蛋白泡沫层的四周，泡沫层变得浓厚坚实，增强了泡沫的稳定性和持气性，当熟制时，泡沫内气体受热膨胀，使制品呈多孔的疏松结构。蛋白保持气体能力的最佳状态是在呈现最大体积之前产生的，过分搅打会破坏蛋白胶体物质的韧性，使蛋液保持气体能力下降。

重/难点解析

::重点

### （二）油蛋面团的膨松原理

制作重油脂蛋糕时，糖、油在进行搅拌过程中能搅入大量空气，并产生气泡。当加入蛋液继续搅拌时，油蛋面团中的气泡会增多，这些气泡在制品烘烤时空气受热膨胀，会使制品形成多孔的疏松结构，质地松软。为了使油蛋面糊在搅拌过程中能够搅入更多的空气，应该选用具有良好的可塑性和融合性的油脂。

::难点

## 三、物理膨松面团的调制

### （一）调制方法

#### 1. 蛋泡面团的调制方法

蛋泡面团调制时分为全蛋法和分蛋法两种。

（1）全蛋法蛋泡面团的调制方法　全蛋法蛋泡面团的调制又分一步法和多步法。

① 一步法：将配方中除油脂和水以外的所有原料放入

搅拌缸内，先慢速搅拌均匀，然后改为高速搅拌6～7min，加入水搅打1min左右，改为低速，加入油脂拌匀即可。采用一步法一般要求原料中白糖应为细砂糖，蛋糕油的用量必须大于面粉的4%，如果原料中白糖颗粒较粗，则需将糖、蛋放入搅拌缸内中速搅拌至糖溶解（大部分），再加入除油脂和水以外的所有原料按上述方法制作。其特点是成品内部组织细腻，表面平滑有光泽，但体积稍小。

② 多步法：将鸡蛋、白糖放入搅拌缸内，中速搅拌至糖溶解（大部分），根据糖颗粒的大小选择搅拌时间，一般为1～5min，然后加入蛋糕油改为高速搅拌5～7min，待蛋糊呈鸡尾状时加水搅打1min左右，改为低速搅打，加入过筛的粉料拌匀，再加入油脂拌匀即可。其特点是成品内部孔洞大小不均，组织不够细腻，但体积较大。

（2）分蛋法蛋泡面团的调制方法

①分蛋：鸡蛋打开，将蛋黄与蛋清分开。

②蛋黄面糊调制：先把水、色拉油、白糖一同混合搅拌至糖完全溶化，然后加入过筛的粉料，继续搅拌至光滑无颗粒，最后加入蛋黄继续搅拌至面糊均匀光滑。

③蛋清打发：将蛋清与白糖一同放入搅拌缸内，中速搅拌至糖溶化，加入盐、塔塔粉后，再改为快速搅拌至中性发泡。

④混合：取1/3打发的蛋清与蛋黄面糊混合，拌匀以后再全部倒入搅拌缸内，与剩余的2/3的蛋清面糊完全混合均匀即可。

**小常识**

### 蛋白打发的三种状态

**湿性发泡**：将蛋白一直搅打，细小泡沫会越来越多，直至蛋白坚固平滑且有光泽，此时将搅拌器提起或用手指挑起蛋泡糊，蛋白尖端固定但仍会弯曲，此时即为湿性发泡的阶段。湿性发泡：拿起搅拌器，蛋白形成向下垂的10cm左右的尖锥，不管怎么晃动搅拌器，尖锥也都朝下。这个状态适合制作蛋糕卷和天使蛋糕。如图1-1所示。

图1-1　湿性发泡

**中性发泡**：介于湿性发泡和干性发泡之间的一种发泡，可以看到蛋白更凝固了，提起搅拌器看，蛋白糊有个短一些的尖锥，尖锥比较直，但是仍然始终下垂，会弯下来。这个时候将打蛋桶倒扣过来，蛋白糊也不会往下流，这个状态适合制作轻乳酪蛋糕。如图1-2所示。

**干性发泡**（**硬性发泡**）：将蛋泡糊接着打发，直到蛋白坚固有光泽，提起搅拌器时蛋白尖锥变得更短，并能维持形状而朝上，而且打蛋器上残留的蛋泡糊的状态均为短小直立的尖角，即可停止搅拌，因为蛋白已达到干性发泡阶段。这时候变动打蛋器的方向，前面小锥也是挺立的不会改变方向。这个状态适合制作戚风蛋糕坯或柠檬派上的装饰蛋白。如图1-3所示。

图1-2　中性发泡

**过度打发：** 过度打发蛋白会变干而没有光泽，而且还会变成破碎的小团，而不是原来的一大团。

图1-3　干性发泡

要注意打发蛋白时每个阶段的变化，因为蛋白打发相当重要，蛋糕是否能理想地膨胀就靠这一步，蛋类一经打发必须尽快使用，因为停留的时间越久，蛋的膨胀能力就会逐渐消失。所以要待其他材料混合好之后，再开始打发所需的蛋白，一旦开始打发蛋白，请尽可能一气呵成，中途不要有长时间的中断。

#### 2. 油蛋面团的调制方法

油蛋面团一般有油、糖搅拌法和油、糖、分蛋搅拌法两种方法。

（1）油、糖搅拌法　将油脂与细糖一同放入搅拌缸内，中速搅拌至糖溶化与油脂融合，充入气体，油脂变为乳白色或是淡黄色后开始加入鸡蛋，边加入边搅打，直至制品完全融合、油蛋糊变白、体积膨胀较大为止，最后加入过筛的粉料，调拌均匀。这种是较为常用的方法。

（2）油、糖、分蛋搅拌法　将蛋清、蛋黄分离，油脂与一部分糖搅拌打发后加入蛋黄搅拌均匀；在另一个搅拌缸内将蛋清与另一部分白糖打发，然后将两种打发的糊混合均匀，最后再加入过筛的粉料拌和均匀即可。

### （二）调制关键

#### 1. 主要原料对物理膨松面团的影响

在蛋糕制作过程中主要用料有鸡蛋、面粉、白糖以及油脂等。蛋糕中原料的好坏对物理膨松面团有很重要的影响。

（1）鸡蛋　在选择鸡蛋时一定要注意其新鲜度，越新鲜的鸡蛋发泡性越好，越有利于蛋糕的制作。

（2）面粉　面粉的筋性恰当，在制作清蛋糕时应选用蛋糕粉（低筋粉），在蛋量较低的配方中为保持蛋糕的柔软性，可用玉米淀粉代替部分面粉，但不可使用太多，如使用过多会使粉料整体的筋性过低，蛋糕在烘烤成熟后容易塌陷。如选用高筋粉会使蛋糕内部组织粗糙，质地不

学习笔记

重/难点解析

::重点

::难点

学习笔记

项目总结与感悟

均匀。

（3）糖　糖在选择时，应注意糖的颗粒大小，对于不同品种的蛋糕可以灵活地选择白砂糖、绵白糖和糖粉。如糖的颗粒过大，搅拌过程中不能完全溶化，成熟后蛋糕底部易有沉淀且会使蛋糕内部比较粗糙、质地不均匀，同时也会使蛋糕表面有斑点。

（4）油脂　油脂在油蛋面团中为主要原料，在选用时除注意要有良好的可塑性和融合性外，同时也要注意选用熔点较低的油脂，因为这种油脂渗透性好，能增强面团的融合性。

### 2. 注意辅料的使用

全蛋法蛋泡面团的调制中一般都会用到的一种很重要的辅料，就是蛋糕油，蛋糕油加入后，如果在成熟之前没能完全熔化，那么就会使成品底部有沉淀，所以在使用蛋糕油时应该注意用量的多少，切记不可多放，同时要注意蛋糕油应当在高速搅打之前加入。分蛋法蛋泡面团的调制中经常会用到塔塔粉，它在面团中所起的作用是降低蛋清的pH，从而改善蛋清的起泡性，同时也具有保湿等作用，在使用塔塔粉时要考虑到糖颗粒的大小，如糖的颗粒过大，塔塔粉就不要太早加入，太早加入会使蛋清发泡过快，糖不能够完全溶化，影响制品的质量。在面团调制时如需要加入泡打粉，也一定要与面粉一起过筛，使其能充分混合，否则会造成蛋糕表面出现麻点和部分地方出现苦涩味。

### 3. 控制好温度

打蛋浆时，最佳温度为17～22℃，夏季可先将鸡蛋放入冰箱冷藏后再使用，因为在搅打过程中会因摩擦产生部分热量；如遇冬季气温较低时，蛋浆需适当加热，有利于快速起泡，但不能超过40℃，防止成熟后蛋糕底部有沉淀和结块。

 **项目3 油酥面团**

油酥面团又称酥面，用它制成的油酥制品是比较精细、高档的点心品种。除一般操作比较简单的品种如酥饼、酥饺之类在食品店、饮食店供应外，精细的油酥制品大都用于宴席。

油酥面团是指以面粉和油脂为主要原料，再配合一些水、辅料（如鸡蛋、糖、化学膨松剂等）调制而成的面团。其成品具有膨大、酥松、分层、美观等特点。

根据其制品的特点不同，油酥面团可以分为单酥面团（单皮类）和层酥面团（也称酥皮类），其中单酥面团又分为浆皮面团和混酥面团两类。

**任务1 调制浆皮面团**

重/难点解析

∷重点

## 一、浆皮面团的性质和特点

浆皮面团又称提浆面团、糖皮面团、糖浆面团，是先把蔗糖加水熬制成糖浆，再加入油脂和其他配料，搅拌乳化成乳浊液后加入面粉调制成的面团。面团组织细腻，有一定的韧性和良好的可塑性，从而使制品外表光洁、花纹清晰、饼皮松软，如广式月饼、提浆饼干、鸡仔饼等。

## 二、浆皮面团的形成原理

∷难点

浆皮面团由糖浆调制而成，其含油量不多，主要凭借高浓度的糖浆，达到限制面筋生成的目的，使面团既有一定的韧性，又有良好的可塑性。糖浆限制了水分向蛋白质颗粒内部扩散，限制了蛋白质吸水形成面筋，使得蛋白质只能适度吸水形成部分面筋。加入面团中的油脂均匀分散在面团中，也限制了面筋的形成，使面团弹性、韧性降低，可塑性增加，糖浆中的部分转化糖使面团有保干防潮、吸湿回润的特点。成品饼皮口感湿润绵软，水分不易散失。

学习笔记

## 三、转化糖浆的形成原理

　　大多数浆皮面团都是使用转化糖浆调制。转化糖浆是由砂糖加水溶解，经加热，在酸的作用下转化为葡萄糖和果糖而得到的糖溶液。制取转化糖浆俗称熬糖或熬浆，熬糖所用的糖是白砂糖或绵白糖，其主要成分为蔗糖。熬糖时，随着温度升高，在水分子作用下，蔗糖发生水解生成等量的葡萄糖和果糖。等量的葡萄糖和果糖的混合物统称为转化糖，其水溶液称为转化糖浆，这种变化过程称为转化作用，反应式如下：

$$C_{12}H_{22}O_{11} + H_2O \xrightarrow{H^+} C_6H_{12}O_6 + C_6H_{12}O_6$$

　　　　蔗糖　　　　　　　　　葡萄糖　　果糖

　　蔗糖转化的程度与酸的种类和加入量有关。酸度增大，转化糖的生成量增加；酸的加入量增加，转化糖的生成量增大。常用的酸为柠檬酸。转化糖的生成量还与熬糖时糖液的沸腾速度有关，沸腾越慢，转化糖生成量越大。

　　除了酸可以作为蔗糖的转化剂，淀粉糖浆、饴糖浆等也可作为蔗糖的转化剂，传统熬糖多使用饴糖。饴糖是麦芽糖、低聚糖和糊精的混合物，呈黏稠的液体，具有不结晶性。其对结晶有较大的抑制作用。熬糖时加入饴糖，可以防止蔗糖析出或返砂，增大蔗糖的溶解度，促进蔗糖转化。

　　熬好的糖浆要待其自然冷却，并放置一段时间后使用，通常需放置15d后使用最佳。其目的是促进蔗糖继续转化，提高糖浆中转化糖含量，防止蔗糖重结晶返砂，而影响质量，使调制的面团质地更加柔软，延伸性良好，使制品外表光洁、不收缩，花纹清晰，使饼皮能较长时间保持湿润绵软。

重/难点解析

::重点

::难点

## 四、浆皮面团的调制

### （一）糖浆的熬制

#### 1. 熬制转化糖浆的配料（表1-3）

表1-3　转化糖浆配料　　　　　　　　　　单位：g

| 品名 | 砂糖 | 水 | 柠檬酸 |
| --- | --- | --- | --- |
| 转化糖浆 | 500 | 225 | 1.5 |

#### 2. 转化糖浆熬制操作程序

### 3. 转化糖浆熬制方法

将水倒入锅中，加砂糖煮沸，待砂糖完全溶化后加入柠檬酸，用小火熬煮40min，煮至糖浆糖度达到78～80°Be′即可离火。将熬好的糖浆放置半个月后使用。

### 4. 转化糖浆熬制关键

（1）熬糖时必须先加水，后加糖，以防止糖粘锅焦煳，影响糖浆色泽。

（2）若砂糖含杂质多，糖浆熬开后，可加入少量蛋清，通过蛋白质受热凝固吸附杂质并浮于糖浆表面，撇去浮沫即可除去杂质得到纯净的糖浆。

（3）柠檬酸最好在糖液煮沸即温度达到104～105℃时加入。酸性物质在低温下对蔗糖的转化速度慢，最好的转化温度通常在110～115℃，故最好的加酸时间在104～105℃。

（4）若使用饴糖作为转化剂熬糖，饴糖的加入量为砂糖量的30%，加入时间最好是糖液煮沸、温度达到104～105℃时加入。

（5）熬糖时，尤其是熬制广式月饼糖浆时，配料中可加入鲜柠檬、鲜菠萝等。利用鲜柠檬和鲜菠萝中含有的柠檬酸、果胶质等，使糖浆更加光亮，别有风味，使饼皮柔润光洁。

熬糖时也可以加入部分赤砂糖，使熬制的糖浆颜色加深，饼皮色泽更加红亮。

（6）注意掌握熬糖的时间和火力大小。若火力大、加热时间长，则糖液水分挥发快，损失多，易造成糖浆温度过高、糖浆变老、颜色加深，冷却后糖浆易返砂；若火力小、加热时间短，则糖浆温度低，糖的转化速度慢，使糖浆转化不充分、浆嫩，调制的面团易生筋，饼皮僵硬。

熬糖的时间、火力与熬糖量及加水量有关：熬糖量大，相应加水量应增大，火力减小，熬制时间延长，否则糖浆熬制不充分，蔗糖转化不充分，熬制的糖浆易返砂，质量较次。

（7）熬好的糖浆糖度为78～80°Be′。糖度低，则浆嫩、含水高，面团易起筋、收缩，饼皮回软差；糖度过高，则浆老，糖浆放置过程中易返砂。通常在糖浆不返砂的情况下，糖度应尽量高。

## （二）浆皮面团的调制

### 1. 调制浆皮面团的配料（表1-4）

表1-4 浆皮面团配料　　　　　　　　单位：g

| 品名 | 面粉 | 糖浆 | 植物油 | 枧水 |
| --- | --- | --- | --- | --- |
| 浆皮面团 | 500 | 225 | 1.5 | 7 |

学习笔记

## 2. 操作程序

### 3. 浆皮面团调制方法

将糖浆倒入盆中，分次加入植物油，顺一个方向充分搅匀，然后加入枧水充分搅拌均匀至糖浆颜色变浅，使之乳化成均匀的乳浊液，最后拌入面粉，翻叠成团即可。调制好的面团需放置30min左右使用最佳。

### 4. 调制关键

（1）拌粉前糖浆、油脂、枧水要充分搅拌至乳化均匀　若搅拌时间太短乳化不完全，调制出的面团弹性和韧性不均，外观粗糙，结构松散，重则走油生筋。

（2）面团的软硬应与馅料软硬一致　豆沙、莲蓉等馅心较软，面团也应稍软一些；白果、什锦馅等较硬，面团也要硬一些。面团软硬可通过配料中增减糖浆来调节，或以分次拌粉的方式调节，不可另加水调节。

（3）拌粉程度要适当　不要过长时间翻叠面团，以免面团生筋或渗油。

（4）面团调好后放置时间不宜过长　可先拌入2/3的面粉调制成软面糊状待用，待使用时再加入剩余的面粉来调节面团的软硬，用多少拌多少，从而保证面团的质量。

重/难点解析

:: 重点

:: 难点

## 任务2　　　调制混酥面团

## 一、混酥面团的性质和特点

混酥面团又称松酥面团，一般由面粉、油脂、糖、鸡蛋、乳及适量的化学膨松剂等原料调制而成的面团。混酥面团多糖、多油脂，少量鸡蛋，一般不加水或加极少量的水，面团较为松散，无层次、缺乏弹性和韧性，但具有良好的可塑性，经烘烤或油炸成熟后，口感酥松，如桃酥、甘露酥、拿酥、开口笑等品种。

调制混酥面团时，油、糖、蛋、乳要先充分搅拌乳化，使之形成均匀的乳浊液，使油脂呈细小的微粒分散在水中或水均匀分散在油脂中。油、水乳化的好坏直接影响面团的质量：乳化越充分，油微粒或水微粒越细小，拌入面粉后能够更均匀地分散在面团中，限制了面筋的生成，形成细腻柔软且松散的面团。蛋、乳可以提高制品的营养价值，增加制品的档次，蛋、乳中含有的磷脂又是良好的乳化剂，可以促进油和水的乳化，从而使面团的组织更加细腻。

## 二、混酥面团的起酥原理

混酥面团的油、糖含量较高，利用油、糖的作用一方面可限制面筋的生成；另一方面在面团调制过程中结合空气，也会使制品达到松、酥的口感要求。

油脂本身是一种胶性物质，以球状或条状、薄膜状存在于面团中，具有一定的黏性和表面张力，面团中加入油脂，面粉颗粒被油脂包围，并牢牢地与油脂黏在一起，阻碍了面粉吸水，从而限制了面筋的生成。面团中用油量越高，面团的吸水率和面筋生成量降低，制品越酥松。糖具有很强的吸水性，在调制面团时，糖会迅速夺取面团中的水分，从而也限制了面筋蛋白质的吸水和面筋的生成，生成的面筋越少，制品就越酥松。同时在调制面团过程中油脂会结合大量空气，当生坯加热时气体受热膨胀，使制品体积膨大、酥松并呈现多孔结构。调制混酥面团时常常添加适量的化学膨松剂，如泡打粉、小苏打、臭粉等，借助膨松剂受热产生的气体来补充面团中气体含量的不足，可增大制品的酥松性，这就是混酥面团的起酥原理。

油脂中空气结合量随着加入面粉前的搅拌情况和加入糖的颗粒状态而不同：加入糖的颗粒越小，搅拌越充分，则油脂中空气含量越高；油脂结合空气的能力还与油脂中脂肪酸的饱和程度有关：含饱和脂肪酸越高的油脂，结合空气的能力越大，起酥性越好。不同的油脂在面团中分布的状态不同，含饱和脂肪酸高的氢化油和动物油脂大多以条状或薄膜状存在于面团中，而植物油大多以球状存在于面团中，条状或薄膜状的油脂比球状的油脂润滑的面积大，具有更好的起酥性。

## 三、混酥面团的调制

### （一）混酥面团配料（表1-5）

表1-5　混酥面团配料　　　　　　　　　　单位：g

| 品种 | 面粉 | 糖 | 油脂 | 蛋 | 牛奶 | 发酵粉 | 小苏打 | 臭粉 |
|------|------|-----|------|-----|------|--------|--------|------|
| 桃酥面团 | 500 | 200 | 225 | 100 | — | — | 5 | 5 |
| 松酥面团 | 500 | 200 | 200 | 200 | — | 10 | — | — |
| 拿酥面团 | 500 | 150 | 300 | 50 | | | | |

重/难点解析

::重点

::难点

学习笔记

续表

单位：g

| 品种 | 面粉 | 糖 | 油脂 | 蛋 | 牛奶 | 发酵粉 | 小苏打 | 臭粉 |
|---|---|---|---|---|---|---|---|---|
| 甘露酥面团 | 500 | 200 | 230 | 100 | — | 8 | — | 2 |
| 士干面团 | 500 | 150 | 100 | 150 | 200 | 10 | — | 2 |

### （二）操作程序

### （三）调制方法

将面粉与疏松剂一并过筛置于案板上，中间扒窝，加入油脂和糖，用手掌搓搅至糖溶化，再分次加入蛋液充分搅拌乳化成均匀的乳浊液，若需加入牛奶和水，也要分别依次加入，并边加边搅拌均匀，最后拌入面粉。拌粉时，手要快，要采用翻叠法（覆叠法）进行调制，将尚松散的团块状原料，层层上堆，使各种原料在翻叠过程中自然渗透，面团逐渐由松散状态变为弱团聚状，并由硬变软，待软硬适度即可停止调制。

### （四）调制关键

重/难点解析

:: 重点

（1）面粉宜选用低筋面粉　因面粉筋度过高，在面团调制过程中容易产生筋性，影响制品的酥松程度。

（2）严格按照先乳化油、糖、蛋、乳、水，再拌面粉的顺序投料，油、糖、蛋、乳、水必须充分乳化，乳化不均匀会使面团出现发散、浸油、出筋等现象。

（3）加入面粉后，拌粉时间要短，速度要快，防止面团形成面筋，面团呈团聚状即可。

:: 难点

（4）面团温度宜低，放置时间宜短，温度高，面团容易走油、出筋，调制好的混酥面团不宜久放，否则易产生面筋，面团调制好后应立即成形，做到随调随用。

（5）面团软硬要适中　面团过软，则制品摊性大、不易保持形态，并且软面团易产生面筋；面团过硬，则制品酥松性欠佳。面团的软硬程度在油、糖比例确定的情况下，还依靠蛋或乳、水来调节，面团中加水要一次加足，严禁在拌粉过程中或成团后再加水。

## 任务3　　　　　调制层酥面团

### 一、层酥面团的性质和特点

凡是制品起酥层的都统称为层酥。层酥面团由性质完全不同的两块面团构成，一块面团称为水油面团（水油面、水面、酵面），主要是以水、油、面粉为原料调制而成的面团，根据制品的要求和用途可添加鸡蛋、牛奶、饴糖等；另一块面团称为干油酥面团（干油酥、油酥面），是全部用油脂与面粉搓擦而成的面团，没有筋力，酥性良好。水油面与油酥面经包制、相叠起酥，形成层层相隔的组织结构，加热成熟后制品自然分层、体积膨胀、口感酥松。

层酥面团根据所用皮料不同可分为水油酥皮、酵面酥皮、水面酥皮、擘（或掰）酥皮等。水油酥皮用水油面包油酥面制坯而成；酵面酥皮用发酵面团包油酥面制坯而成；水面酥皮用冷水面团或蛋水面团包油酥面制坯而成；擘酥皮用油酥面包冷水面团制坯而成。

中式面点的层酥面团以水油酥皮为主，其制品酥层表现有明酥、暗酥、半暗酥等。品种造型变化多样，常用于精细面点制作。酵面酥皮以发酵面团包油酥面制坯而成，如蟹壳黄、黄桥烧饼等，制品既有油酥面的酥香松化，又有酵面的松软柔嫩，酥层以暗酥为主，制法较简单，成熟方法以烘烤为主。擘酥皮是广式面点中极具特色的一种皮料，融合了西点起酥类制皮的方法，形成的制品具有较大的起发性，体积胀大，层次分明，口感松香酥化。传统的擘酥皮是以油酥面包冷水面团制坯而成，其操作难度较大，现在很多擘酥品种的制作都以水面酥皮代替传统擘酥皮，即用冷水面团包油酥面制坯。

### 二、层酥面团的形成及起酥原理

层酥面团的形成及起酥原理是干油酥与水油面共同作用的结果。

#### （一）干油酥面团的形成与起酥原理

油脂是一种胶体物质，具有一定的黏性和表面张力。当调制油酥面团时，油脂与面粉混合，油脂掺入面粉内，将面粉颗粒包围起来，黏结在一起，但因油脂的表面张力强，不易流散，油脂与面粉不易混合均匀，经过反复"搓擦"扩大了油脂与面粉颗粒的接触面，使面粉颗粒之间彼此黏结在一起，从而形成面团。这也是干油酥面团为什么要用"擦"的方式成团的原因。

学习笔记

在干油酥面团中面粉颗粒和油脂并没有结合在一起，只是油脂包围着面粉颗粒，并依靠油脂黏性结合起来，不像水调面团那样蛋白质吸水形成面筋，淀粉吸水膨润，因此油酥面团比较松散，可塑性强，没有筋力，不宜单独使用制作成品，必须与水油面配合使用。干油酥面团中面粉颗粒被油脂包围、隔开，面粉颗粒之间的间距扩大，空隙中充满空气，经加热，气体受热膨胀，使制品酥松；此外，面团中水分很少，面粉中的淀粉未吸水胀润，也会促进制品变脆。

### （二）水油面团的形成原理及特性

水油面团是以水、油、面粉为主要原料调制成的面团，面团具有一定的筋性和良好的延伸性。

调制水油面团时，首先将油、水乳化，油、水形成乳浊液后加入面粉拌和，水分子首先被吸附在面筋蛋白质表面，然后被蛋白质吸收而形成面筋网络，油滴作为隔离介质分散在面筋之间，使面团表面光滑、柔韧。由于油和水在加面粉前已形成一定浓度的乳浊液，使面筋蛋白质既能吸水形成面筋而具有一定的筋力，又不能吸收足够的水分而筋性太强，因而形成的面团既有一定筋性，又有良好的延伸性。

### （三）起层原理

重/难点解析

:: 重点

水油面和油酥面的性质决定了它们在层酥面团中的作用。水油面团具有一定的筋力和延伸性，可以进行擀制、成形和包捏，适宜作皮料；油酥面性质松散，没有筋力，一般用作酥心包在水油面团中，从而也能被擀制、包捏和成形。水油面和油酥面的相互配合、互相间隔，就起到了分层和起酥的作用。

层酥面团通过水油面包油酥面经过多次擀、卷、叠，形成水油面和油酥面层层相隔的结构。由于油脂的隔离作用，经加热后，水皮和油酥分层，就形成了层酥类制品特有的造型和酥松香脆的口感。

:: 难点

## 三、层酥面团的调制

### （一）水油酥皮的调制

#### 1. 水油面团的调制

（1）水油面团配料（表1-6）

表1-6  水油面团配料                          单位：g

| 面 | 面粉 | 油脂 | 蛋 |
| --- | --- | --- | --- |
| 水油面团 | 500 | 75 ~ 150 | 225 ~ 275 |

（2）操作程序

油脂 ⌉
　　  ├ → 搅拌乳化
水 　⌋
　　　　　↓
面粉 → 拌粉 → 揉匀 → 水油面团

（3）调制方法　水油面团的调制方法与冷水面团基本相同，只是在拌粉前，要先将油、水充分搅拌乳化，再用抄拌法将油、水与面粉拌和均匀，充分揉成团，这样调制的面团细腻、光滑、柔韧。若水、油分别加入面团中，会影响面粉和水、油的结合，造成面团筋、酥不均匀。

（4）调制关键

① 水、油要充分乳化：水、油乳化越好，油脂在面团中分布越均匀，面团性能一致，细腻、光滑。若水、油乳化不均匀，则会造成部分面粉吸水多、面筋形成强，部分面粉与油脂结合多、筋性差的现象，使面团筋酥不均匀，从而影响面团的性能。

一般水油面团配方中没有糖、蛋，仅仅是水油搅拌，水油不易乳化均匀，在这种情况下可以加入少量面粉调成糊状，促进水油乳化，使之形成均匀的乳浊液。

② 油脂的选择：传统中式面点水油酥皮的用油以熬炼的猪板油最为普遍，效果最好。猪油色泽洁白，可塑性强，起酥性好，制作出的产品品质细腻，脂香浓郁。如今除了使用猪油外，还可用牛油、奶油、起酥油、人造黄油、无水酥油等固态油脂，也有用花生油、色拉油、豆油、液态酥油等液态油脂。

③ 油量要适当：水油面团的用油量，要根据面粉质量而定，用油量与面筋含量成正比。面筋含量高的面粉，要多加油脂，面筋含量少的面粉则少加油脂。一般情况下，用油量为面粉量的15%～30%。若面筋含量低，用油量高，油脂的疏水作用限制面筋生成，使面团韧性和延伸性降低，制品酥层易散碎，并且因油脂在面筋表面过多的覆盖，会影响制品色泽的形成。

水油面团的用油量根据气温高低也有不同。夏季油脂软，用油量可稍低；冬季油脂硬，用油量可稍高。另外，固态油脂的用量要比液态油脂的用量高。

水油面团用油量与制品成熟方法也有关，烘烤的水油酥制品用油量稍高，油炸型的制品用油量稍低。

④ 水量、水温要适当：水油面的用水量因面粉质量和用油量多少而变化，随油量增加而减少，随面筋含量的增加而增大。一般水油面团

学习笔记

重/难点解析

:: 重点

:: 难点

学习笔记

的用水量为面粉的量的45%～55%。用水过多，面团游离水增多，面团软黏，开酥时，水油面和油酥面容易分布不均，影响制品起酥；用水过少，面团韧性强，延伸性差，不便于开酥、成形操作。

一般调制水油面团都用冷水，面团温度控制在22～28℃为宜。水温过高，会使淀粉糊化使面团黏度增加，不便于操作；水温过低，影响面筋的胀润度，使面团筋性增加，延伸性降低，影响成形。应根据季节和气温的变化而控制水温。

⑤ 辅料的影响：一般水油面团配方中仅有面粉、油和水，但根据品种需要可以添加鸡蛋、糖、饴糖等。鸡蛋中含有磷脂，可以促进水、油的乳化，使调制出的面团光洁、细腻、柔韧。饴糖中含有糊精，糊精具有黏稠性，可起到促进水油乳化的作用，同时饴糖能改善制品的皮色。

### 2. 干油酥面团的调制

（1）干油酥面团配料（表1-7）

重/难点解析

::重点

表1-7　干油酥面团配料　　　　　单位：g

| 面团 | 面粉 | 油脂 |
| --- | --- | --- |
| 干油酥面团 | 500 | 250 |

（2）操作程序

::难点

（3）调制方法　干油酥面团的调制采用"擦"的方法，面粉放在案板上，加油拌匀，用双手推擦，即用双手掌根一层一层向前推擦，擦完一遍后，再重复操作，直到擦透为止。

（4）调制关键

① 油脂的选择：不同的油脂调制成的油酥面团，性质不同，一般用动物油脂擦酥。动物油脂在面团中呈片状和薄膜状，润滑面积较大，结合的空气多，起酥性好；植物油脂在面团中呈球状，润滑面积小，结合的空气量较少，故起酥性稍差。常用的动物油脂为猪油，猪油应选择颜色洁白、凝固性好、含水量低的。

② 油量要适当：油量的多少直接影响制品的质量。油脂量过多，则干油酥面团过软，开酥时油酥向边缘堆积，造成酥层不均；油脂用量

过少，油酥过硬，易造成破酥，且制品不酥松。

③ 油酥面团的软硬应与水油面一致，否则一软一硬，会造成酥层厚薄不均，甚至破酥。

### 3. 起酥

（1）起酥方法　起酥又称包酥、开酥，是水油面团包干油酥面团经擀、卷、叠、下剂制成酥层面点皮坯的过程。起酥是制作层酥制品的关键，起酥的好坏，直接影响成品的质量。在具体做法上主要有大包酥和小包酥两种。

① 大包酥：大包酥又称大酥、大破酥，采用此方法一次可制作十几个甚至几十个剂坯，具有生产量大、速度快、效率高的特点。但酥层不易均匀、质量较粗、不够精致。大包酥的擀制方法有多种，常用的方法是用水油面包干油酥面，由内向外按扁，用擀面杖擀成长方形薄片，叠三折，再擀开成长方形，然后由外向内卷起呈圆筒状，根据品种需要进行下剂，或直接切块成坯。

② 小包酥：小包酥又称小破酥、小酥，此方法一次只能制作几个剂子，甚至一个一个地制作。其具体做法是：先将水油面和油酥面按比例下剂，然后用水油面剂包油酥面剂，按扁擀成牛舌形，由外向内卷成圆筒，按扁叠三折，擀成圆皮即可成形。小包酥的特点是擀制方便，酥层清晰均匀，坯皮光滑而不易破裂，但速度慢，效率低，适宜制作精细花色酥点。

（2）起酥操作关键

① 水油面和油酥面的比例要适当：油酥面过多，擀制困难，而且易破酥、露馅，成熟时易散碎；水油面过多，则易造成酥层不清，成品不酥松。一般油炸型酥点水油面和油酥面的比例为6∶4或7∶3；烘烤类酥点为5∶5，具体品种不同，水油面和油酥面的比例也不尽相同。菊花酥、荷花酥等花瓣较细的酥点，要保持良好的形态，包酥比例多为7∶3；鲜花饼、萝卜饼等多用6∶4。

② 水油面和油酥面要软硬一致：油酥面过硬，起酥时易破酥；油酥面过软而水油面过硬，则擀制时油酥向面团边缘堆积，易造成酥层不均，影响制品成形和起层。大包酥的水油面要稍软，小包酥的则应稍硬。

③ 擀酥时用力要均匀，使酥皮厚薄一致。

④ 擀酥时扑粉应尽量少用：扑粉用得过多黏在酥皮上，成熟时易使酥层变粗糙，影响成品质量。

⑤ 卷筒要卷紧，否则酥层之间黏结不牢，易造成酥皮分离、脱壳。

学习笔记

重/难点解析

∷重点

∷难点

学习笔记

⑥ 大包酥面剂要用湿布盖上，避免翻硬；若是小包酥，则水油皮面剂要用湿布盖上。

（3）水油酥皮的种类 为适应不同层酥制品的特色要求，水油酥皮可分为暗酥、明酥、半暗酥三种类型。

① 暗酥：凡制成品酥层在制品内部，表面看不到层次的称为暗酥。将水油酥皮卷成圆筒后，用手扯下面剂，按皮，将表面光滑的一面作面子，不整齐的一面作里子，包馅成形而成。由于暗酥的酥层藏在里面，入油炸或入炉烘烤，内部油酥受热熔化，气体向外逸出，并受热膨胀，因此暗酥胀发性较大，如各类酥饼、苏式月饼、蛋黄酥等制品，如图1-4所示。

暗酥制品在制作过程中需要注意以下几个问题。

· 起酥要均匀，酥皮擀得不宜过薄。

· 要以光滑看不到酥纹的一面作面子。

图1-4 暗酥

② 明酥：凡是用刀切面剂，刀口呈明显酥纹，制成品表面起明显酥层的，称为明酥。明酥可分为圆酥、直酥、平酥、剖酥四种。

A. 圆酥是水油酥皮卷成圆筒后用刀横切成面剂，面剂刀口呈螺旋形酥纹，以刀口面向案板直按成圆皮进行包捏成形，使圆形酥纹露在外面，如龙眼酥、酥盒等，如图1-5所示。

图1-5 圆酥

B. 直酥是水油酥皮卷成圆筒后用刀横切成段，再顺刀剖开成两个皮坯，以刀口面有直线酥纹的为面子，无酥纹的作里子进行包捏成形，如榴莲酥、莲藕酥等，如图1-6所示。

圆酥与直酥在制作过程中需注意以下几个问题。

· 起酥要均匀，不能破酥，擀

图1-6 直酥

重/难点解析

:: 重点

:: 难点

皮厚度要一致，卷筒要紧，这样方能达到酥纹均匀、细致、不脱壳。

· 按皮坯时要按准、按圆，使酥纹在中心，包馅成熟后酥纹才能整齐。

· 包馅时要以酥纹清晰的一面作面子，另一面作里子。

C. 平酥是水油酥皮擀薄后直接切成一定形状的皮坯，再夹馅、成形或直接成熟，如兰花酥、千层酥、鸭梨酥角等，如图1-7所示。

平酥在制作过程中需注意以下几个问题。

· 擀制酥皮时厚度要均匀一致，不能破酥。

· 切坯时刀要锋利，避免刀口粘连。

D. 剖酥是在暗酥的基础上剖刀，经成熟使制品酥层外翻。剖酥制品分油炸型和烘烤型两种。油炸型剖酥的具体制法是：水油酥皮卷成筒后，用手揪成面剂，包入馅心按成符合制品要求的形状，放在案板上十几分钟，使之表面翻硬，然后用锋利的刀片在饼坯上剖刀，通过油炸、使酥层外翻，如菊花酥、层层酥、荷花酥等，如图1-8所示。

重/难点解析

∷ 重点

∷ 难点

图1-7　平酥　　　　　　　　　图1-8　剖酥

油炸型剖酥制作难度较大，制作过程中需注意以下几个问题。

· 起酥要均匀，酥皮不宜擀得过薄或过厚。过薄酥层易碎；过厚酥层少，影响制品形态美观。

· 要待半成品翻硬后才可剖刀，否则刀口处的酥层相互粘连，影响制品翻酥。

烘烤型剖酥的具体制法是：以暗酥面剂为皮坯，放入馅心包捏成一定形状后，用刀切出数条刀口，再整形而成，如菊花酥饼、京八件等。

③ 半暗酥：半暗酥一般采用大包酥的技法。水油酥皮卷成筒后，用刀切成段，刀口面向两侧光面向上，用手斜按成半边有酥纹

学习笔记

半边无酥纹的圆皮，包馅成形后，制品一部分酥层露在外面，一部分酥层藏在里面。半暗酥适宜制作果类的花色酥点，如果味酥饼。制作时要求起酥均匀，酥纹清晰的一面作面子，如图1-9所示。

图1-9　半暗酥

## （二）酵面酥皮的调制

### 1. 酵面酥皮面团配料（表1-8）

表1-8　酵面酥皮面团配料　　　　单位：g

| 品种 | 发酵面团 | | | | 干油酥面团 | |
|---|---|---|---|---|---|---|
| | 面粉 | 酵面 | 水 | 碱 | 面粉 | 油脂 |
| 黄桥烧饼 | 650 | 20 | 325 | 适量 | 500 | 250 |
| 蟹壳黄 | 500 | 100 | 250 | 适量 | 500 | 250 |

重/难点解析

::重点

### 2. 操作程序

面粉 ┐
猪油 ┘ → 擦酥 → 油酥面团
　　　　　　　　　↓
面粉 ┐
酵面 ├ → 和面 → 发酵 → 使碱 → 开酥 → 酵面酥皮
水 ┘

### 3. 调制方法

::难点

（1）调制发酵面团　和面的水温根据季节进行调节，夏季用冷水，冬季用温热水。一些品种为使其软糯性更好，调制发酵面团时用热水和面或部分热水部分冷水和面，使面团韧性降低，部分淀粉糊化，黏糯性增强，总之，根据制品性质要求来选择。面粉加水、酵种调制成团，盖上湿布，任其发酵，达到要求发酵程度后，加碱中和去酸，揉至面团正碱。

（2）擦制油酥面团　面粉加入猪油擦制成团，根据品种需要，油酥中可加入其他辅料，如糖、盐、葱末等。酵面酥皮的油酥也常用植物油调制，还有的是将植物油加热至七八成热后，冲入面粉中调制成较稀软的油酥，用抹酥的方法进行开酥，只是起酥的质量稍差。

（3）起酥　酵面酥皮起酥可用小包酥也可用大包酥，包馅品种多用暗酥。

## （三）水面酥皮的调制

### 1. 水面酥皮面团配料（表1-9）

表1-9　水面酥皮面团配料　　　　单位：g

| 面团 | 面粉 | 猪油（或奶油） | 精盐 | 水 |
|---|---|---|---|---|
| 水面 | 500 | — | 10 | 275 |
| 油酥面 | 150~200 | 500 | — | — |

注：根据品种需要，水面中可添加适量油脂、鸡蛋、糖等辅料。

### 2. 操作程序

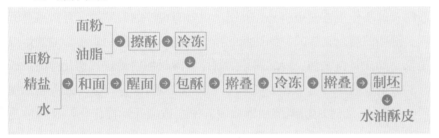

### 3. 调制方法

重/难点解析

∷重点

（1）调制水面　面粉置于案板上，中间扒窝，放入精盐、水，逐渐拌入面粉和成面团，反复揉搓至面团光滑不黏手有弹力，这时用刀在面团上切一个"十"字裂口，用保鲜膜盖上，静置半小时，让面团充分松弛，或直接盖上保鲜膜静置松弛。

（2）调制油酥面团　将猪油与面粉混合，用手擦匀，放入冰箱冷冻，待冷冻至八成硬时取出，用走槌捶打，使油软化，整理成方形或长方形。

（3）包油和擀叠（即起酥）　水油酥皮包油擀叠方法主要有以下两种。

∷难点

① 将面团中"十"字掰开，四个角擀薄，呈"十"字形，中间较厚；将油酥放在面皮中间，拉起面皮一角包住中间油酥，其他三角同样拉起包住油酥；然后将面坯擀薄，折成四折，放入冰柜冷冻，使油脂凝结；再取出擀薄，折成四折再冷冻；再取出擀薄，根据品种要求制坯，即得水面酥皮。

② 将静置后的水面擀成长方形，取出已冻硬的油酥，边敲边擀成水面的一半大小，放在水面上面，再将另一半覆盖于上面，擀开后折三折，放入冰柜冷冻一定时间；待硬后取出，再擀开折三折，再入冰柜冷冻；再擀开折三折，再放入冰柜冷冻；待冻硬后取出擀薄，根据品种需要以平酥的方式制坯即成。

学习笔记

重/难点解析

:: 重点

:: 难点

### 4. 操作关键

（1）面粉的选择　水面酥皮油脂用量很大，在烘烤成熟过程中胀发性大，要求水面有足够的筋力保证酥层完整，不散碎，因此调制水面的面粉筋力要好，一般用高筋粉或中筋粉。而调制油酥的面粉宜用低筋粉。

（2）油脂的选择　调制油酥的油脂宜选用凝固性好，熔点较高，可塑性、起酥性好的油脂。传统中点较多使用凝固猪板油。此外，天然奶油（即白脱油）是制作水面酥皮的良好油脂，但成本很高，随着加工油脂的出现和发展，工艺性能优于天然油脂的人造奶油（也称人造黄油、麦淇淋）、片状酥油等，逐渐运用到水油酥皮中，并取得良好的效果。

油脂的性质与水面酥皮质量有很大关系。性能好的油脂，不仅使水面酥皮的制作更方便更容易，其制品也具有更好的起发性，且口感更酥松。油脂的熔点直接关系到油脂的操作性能。这几种油脂中猪油的熔点最低，其次是白脱油，因此用猪油制作油酥时加粉量较其他几种高：通常500g猪板油加粉量为200~250g；白脱油加粉100~150g；人造奶油加粉0~100g，通过加粉调节油酥软硬，使之适应开酥操作。片状酥油是起酥类的专用油脂，具有较高的熔点和硬度，不需加粉，直接包入面团中即可进行开酥，且制品具有更大的起发性，成品质量更佳。

（3）水面要反复揉透，充分醒面　面团良好的筋力是制品酥层完整的保证。通过充分揉搓，甚至摔打，使面筋充分扩展，使面团具有良好的弹性和延伸性。经静置醒面，让面团充分松弛，便于包油后擀叠操作。

（4）每擀叠一次都需要冷冻　每次擀叠后，需放进冰柜冷冻，目的是使油脂凝结。使油酥的硬度能与水面保持一致，油脂过软，擀酥时会向边缘堆积，影响起酥效果，因此，酥面一定要冻得硬度适中才可操作。冷冻时间随气温而定，夏季就需要时间长些。

### （四）擘酥皮的调制

擘酥皮以油酥面包水面，酥层的起发性较水油酥皮更大，且口感更加松化酥脆。

#### 1. 擘酥皮面团配料（表1-10）

表1-10　擘酥皮面团配料　　　　　　　　　　单位：g

| 面团种类 | 面粉 | 猪油（或奶油） | 精盐 | 水 |
| --- | --- | --- | --- | --- |
| 油酥面 | 150~200 | 500 | — | 275 |
| 水面 | 300 | — | 10 | 165 |

注：根据品种需要，水面中可添加适量油脂、鸡蛋、糖等辅料。

## 2. 操作程序

项目总结与感悟

## 3. 调制方法

（1）调制油酥和水面　猪油中掺入面粉，搓擦均匀，压成长方形，放入托盘，盖上保鲜膜，放入冰柜冷藏至变硬；再将水皮面粉置于案板上，中间扒窝，放入盐、水拌和成团，反复揉搓至面团光滑有筋韧性，放入托盘，盖上保鲜膜，放入冰柜内冷冻至硬，使两块面团的硬度一致。

（2）折叠开酥　将冻硬的油酥取出，放在案板上，用走槌压薄；再取出水面放于案板上，用走槌擀薄与油酥大小一致，轻轻放在油酥面上，再用走槌擀成长方形，把两端向中间折入（三折，称为日字折），轻轻压平，再擀开，折成四折，称为蝴蝶折。待静置5min后，再擀薄呈长方形，折叠，如此折叠2～3次后，放入托盘，盖上保鲜膜冷冻30min，取出擀薄制坯即成。

## 4. 操作关键

（1）水面和油酥要冷冻至软硬适中，才便于开酥擀制。

（2）开酥擀叠过程中，若油酥变软，要放入冰柜冷冻使油脂凝结后才能继续进行开酥，以保证酥皮质量。

学习笔记

# 项目 4　米及米粉面团

重/难点解析

::重点

::难点

米团及米粉团是用米及米粉调制而成的，而米粉是米通过磨制加工制成的，其组成成分和米一样，主要成分都是淀粉和蛋白质，但两者的状态并不相同，使得其调制技术、成团效果、成品口感都有所差别。

根据米的性质的不同，大米有糯米、粳米、籼米之分，米粉有糯米粉、粳米粉和籼米粉之分。其物理性质存在很大的差异，糯米及糯米粉黏性大、硬度低，其制品吃口黏糯，不易翻硬，适宜制作黏韧柔软的点心，如各种糕、团、粽等；籼米及籼米粉黏性小，硬度大，其制品放置易翻硬，适宜制作米粉、米线、米饼、米饭等，籼米中直链淀粉含量较高，也常用作发酵，制作各种发酵米糕；粳米及粳米粉性质介于糯米和籼米之间，适宜制作各种糕、团、粥、饭等。因此，用米和米粉可制作出丰富多彩的糕类、团类、粉类、饼类、饭类、粥类、粽等。

米团及米粉团的成团原理：由于米及米粉所含的蛋白质不能产生面筋，用冷水调制时淀粉没有糊化不会产生黏性，使其很难成团，即使成团，也很散碎，不易制皮、包捏成形，因此，米团及米粉团一般不会用冷水调制，大多采取特殊措施和办法，如提高水温、蒸、煮等方法，使淀粉发生糊化作用从而黏结成团。

根据加工方式的不同，通常将米团及米粉团分为以下几类（表1-11）。

表1-11　米团及米粉团的分类

| | 面团分类 | 品种举例 |
|---|---|---|
| 米团 | 干蒸米团 | 八宝饭 |
| | 盆蒸米团 | 糍粑 |
| | 煮米团 | 珍珠圆子 |
| 米粉团 | 糕类粉团 | 年糕 |
| | 团类粉团 | 汤圆 |
| | 发酵粉团 | 白蜂糕 |

## 任务1　　　　调制米团

米制品主要包括各种饭、粥、糕、粽等，而米团的调制主要是通过蒸和煮两种方式来完成的，使米受热成熟产生黏性，彼此黏结在一起成为坯团，便于进一步加工成形。蒸米又分为干蒸和盆蒸两种工艺。

### 一、干蒸米团

#### 1. 干蒸米团的性质和特点

干蒸米团是将米洗好后用清水浸泡一段时间，让米粒充分吸水，再沥干水分上屉蒸熟，其成团后的特点是饭粒松爽，软糯适度，容易保持形态，适宜制作各种水晶糕、八宝饭等，如图1-10所示。

图1-10　八宝饭

#### 2. 干蒸米团的调制

（1）操作程序

  淘米 → 浸米 → 沥水 → 蒸熟 → 制坯

（2）调制方法　将米淘洗干净，放入盆内加水浸泡3~5h，沥干水分，倒入铺有屉布的笼屉内或装入容器内蒸熟，蒸的过程中适当洒水。

（3）操作关键

① 浸米时间要适当，浸米是为了使米粒吸收水分，干蒸时容易成熟。要根据制品的要求控制好浸米的时间。

② 蒸米过程中可适当洒水，其目的是促进米粒吸水，有助于米粒成熟。

### 二、盆蒸米团

#### 1. 盆蒸米团的性质和特点

盆蒸米团就是将米洗净后装入盆内，加水蒸熟。其特点是饭粒软糯性好，适宜制作米饭、糍粑等，如图1-11所示。

图1-11　糍粑

学习笔记

### 2. 盆蒸米团的调制

（1）操作程序

淘米 ➡ 装盆 ➡ 加水 ➡ 蒸熟 ➡ 制坯

（2）调制方法　将米淘洗干净，装入盆内，再加入适量的清水，上屉蒸熟。

（3）操作关键

① 注意加水量，加水过多或过少都会影响其成品质量。通常糯米需少加水，粳米和籼米需适当多加水蒸制。

② 米要蒸熟蒸透，蒸至米粒中不出现硬心为止。

## 三、煮米团

### 1. 煮米团的性质和特点

利用煮米工艺通常会制作一些既要成团又要有饭的颗粒感的坯团。其品种主要也是一些米团。

### 2. 煮米团的调制

（1）操作程序

淘米 ➡ 沸水下锅煮制 ➡ 起锅沥水 ➡ 拌入辅料 ➡ 制坯

（2）调制方法　将米淘洗干净，加入沸水锅中煮制，煮至米粒成熟或八九成熟，起锅沥水，趁热加入鸡蛋液、细淀粉等原料，利用米粒成熟产生的黏性和淀粉、蛋液受热产生的黏性使米粒黏结在一起成为坯团。

（3）操作关键

① 煮米制坯时应沸水下锅。

② 米煮制结束后要趁热加入其他辅料，并快速拌匀，以使各种原料受热均匀，形成均匀的米团。

重/难点解析

::重点

::难点

## 任务2　　　　调制米粉团

## 一、米粉的类型和特点

制作米粉是调制米粉面团的第一道工序，米粉的加工方法一般有三种：干磨、湿磨和水磨，因此常用的米粉也就是三种米粉（表1–12）。

表1-12 米粉的类型

| 类型 | 加工方式 | 优点 | 缺点 | 品种举例 |
|------|---------|------|------|---------|
| 干磨粉 | 不经加水,直接磨制 | 含水量少,保管方便,不易变质 | 色泽较暗,粉质较粗,成品滑爽性差 | 元宵 豆沙麻圆 |
| 湿磨粉 | 淘洗、加水浸泡、泡涨,去水磨制 | 粉质比干磨粉细软滑腻,制品口感也较软糯 | 含水量多,难以保存 | 蜂糕 年糕 |
| 水磨粉 | 淘洗、冷水浸透,连水带米一起磨制 | 色泽洁白,粉质比湿磨粉更为细腻,制品柔软,口感滑润 | 含水量多,不易保存 | 水磨年糕 水磨汤团 |

米粉的软、硬、糯程度,因米的品种不同差异很大,如糯米粉的黏性大,硬度低,成品口感黏糯,成熟后易坍塌;籼米粉黏性小,硬度大,成品吃口硬实。为了提高成品质量、扩大粉料的用途,便于操作,使成品软硬适中,需要把几种粉料掺和使用。因此,在调制米粉团时,常常将几种粉料按不同比例掺和成混合粉料。

**小贴士**

## 米粉团和面粉团的异同点

两者均色白,富含蛋白质和淀粉,但形成的面团性质却不相同。用冷水调制米粉,则粉团松散、无黏性;面粉面团可发酵,用来制作膨胀松软的发酵类点心,而米粉团一般不做发酵类点心(籼米粉除外),若要发酵,其调制工艺和粉团性质、成品特点与面粉面团也有着极大的区别。之所以有这样的差异,是由于米粉和面粉所含的淀粉、蛋白质性质不同,面粉中的蛋白质主要由麦谷蛋白和麦胶蛋白组成,吸水胀润能形成致密的面筋网络,使面团具有良好的弹性、韧性和延伸性;而米粉中的蛋白质是由不能形成面筋质的谷蛋白和谷胶蛋白组成,且米粉中淀粉含量较高,常温下淀粉吸水性差,粉粒间不易黏结,故米粉团缺乏筋力,无弹性、韧性,松散,不易成团。

**重/难点解析**

::重点

::难点

## 二、米粉团的种类

米粉团根据调制方式的不同,可分为糕类粉团、团类粉团、发酵粉团三种。

### (一)糕类粉团

糕类粉团是以糯米粉、粳米粉、籼米粉加水、糖(糖浆、糖液)或糖、油等拌和而成的粉团。一般多用湿磨粉或干磨粉制作,如猪油桂花糖年糕、白果松糕等。其特点是制品大多没有馅心,多为甜味,形状

学习笔记

多为规则的几何体，如正方形、梅花形、长方形、菱形，口感松软或黏糯。根据制品的性质，糕类粉团一般可分为两类：松质粉团、黏质粉团。

## 1. 松质粉团

（1）松质粉团的性质和特点　松质粉团又称松质糕，简称松糕，采用先成形后成熟的工艺顺序调制而成的糕类粉团。它一般不经过揉制过程，韧性小，质地松软，遇水易溶，所以成品吃口松软、香甜、多孔、易消化。

松质粉团制品松质糕的特点是：大多为甜味或甜馅品种，如甜味无馅的松糕和淡味有馅的方糕等。松质粉团可根据口味不同分为白糕粉团（用清水拌和不加任何调味料调制而成的粉团）和糖糕粉团（用水、糖或糖浆拌和而成的粉团）；根据颜色不同分为本色糕粉团和有色糕粉团（如加入红曲粉调制而成的红色糕粉团），白松糕即为本色糕粉团制品，如定胜糕。

（2）松质粉团的调制

① 操作程序：

重/难点解析

::重点

```
                                                        成团
粳米粉                                                    ↑
       → 搅拌均匀 → 抄拌均匀 → 静置 → 筛入模中 → 蒸制
糯米粉
       水、糖
```

② 调制方法：根据制品要求将糯米粉、粳米粉按一定比例掺和后，加入辅料（如糖浆、糖汁）和水，拌和成松散的粉料静置一段时间，再筛入各模具中，蒸制成熟。或是装入蒸格内，成熟后用刀切成不同的形状装盘即可。

③ 操作关键：

::难点

· 掌握好产水量：粉拌得太干则无黏性，影响成形；粉拌得太潮湿，则黏糯而无空隙，易造成夹生现象。掺水量的多少应根据情况而定，一般干磨粉比湿磨粉多，粗粉比细粉多，用糖量多则掺水量相应减少。

· 掌握静置的时间：静置是将拌制好的糕粉放置一段时间，使粉粒能均匀、充分地吸收水分。静置时间的长短应根据粉质、季节和制品的不同而不同。

· 静置后的糕粉需过筛才可使用：静置后的糕粉不会均匀，若不过筛，粉粒粗细不匀，蒸制时间就不易成熟。过筛后糕粉粗细均匀，既容易成熟，又细腻柔软。

学习笔记

### 2. 黏质粉团

（1）黏质粉团的性质和特点　黏质粉团的调制过程与松质粉团大体相同，但制品采用先成熟后成形的方法来制作。其制品黏质糕一般具有韧性大、黏性足、入口软糯等特点，大多为甜馅和甜味品种，如各种糕团、南瓜蜜糕、薄荷水蜜糕、糖年糕等。

（2）黏质粉团的调制

① 操作程序：

② 调制方法：根据制品的要求将糯米粉和粳米粉按一定比例掺和，加入糖、香料等，拌粉，静置一段时间后上屉蒸制成熟，立即将粉料放在案板上搅拌、揉搓至表面光滑不黏的粉团，即成黏质粉团，然后再进行成形。可将其取出后切成各式各样的块，或分块、搓条、下剂，用模具做成各种形状。

③ 操作关键：

- 配料准确，加工方法得当：糕粉的静置时间应由粉质和季节来决定，一般冬季需静置8～10h，春季需3～4h，夏季需1～2h。
- 准确判断成熟度：检验糕粉成熟度的方法为将筷子插入糕粉中取出，若筷子上粘有糕粉则表示还未熟透；若筷子上无糕粉，则表示已经成熟。蒸制糕粉时要逐渐加入，若一次加足，则糕粉不易熟透。
- 掌握揉制方法：糕粉成熟应趁热用力反复揉制，揉制时手上要抹凉开水或油，若发现有生粉粒或夹生粉应摘除。揉制时尽量少淋水，揉制面团表面光滑不黏手为止。

重/难点解析

:: 重点

:: 难点

### （二）团类粉团

团类粉团是将糯米粉、粳米粉按一定比例掺和后，采用一定的方法制成的米粉团。多为圆形或球形，口感黏糯，制品多为甜馅或咸馅，根据调制方法不同可分为生粉团和熟粉团两种。它具有质地硬实、黏性好、可塑性好、可包制多卤的馅，成品有皮薄、馅多、卤汁多、吃口黏糯润滑、黏实耐饥饿的特点，如油氽团子、双馅团子、擂沙团子等。

### 1. 生粉团

（1）生粉团的性质和特点　生粉团是主要用冷水与米粉调制的米粉面团，一般适用于先成形后成熟的制品，如麻团、船点、汤圆等。调制

学习笔记

时可采用泡心法和煮芡法两种形式。

（2）泡心法的调制

① 操作程序：

② 调制方法：将米粉拌匀放入盆内，冲入少量的热水，利用热水的温度将部分米粉烫熟，使淀粉糊化产生黏性，再加入冷水将米粉揉制成光滑的粉团。

③ 操作关键：

· 掌握热水的用量：热水多，则粉团黏性大，成形时容易黏手；热水少，则粉团松散、无黏性，成形时易开裂。

· 掌握冷水的用量：冷水多，则粉团稀软，生坯易变形，成熟后制品易坍塌；冷水少，则粉团发硬、松散、粗糙，难于包捏，不易成形。

（3）煮芡法的调制

① 操作程序：

重/难点解析

:: 重点

:: 难点

② 调制方法：取米粉的1/3加冷水调制成粉团，压成饼状放入沸水锅中煮制，待煮至浮出水面后再改用小火煮3～5min取出，即成熟芡，将熟芡与剩余的米粉一起揉制，边揉边加入冷水，揉至粉团光滑、细腻、不黏手即可。

③ 操作关键：

· 煮芡时要热水下锅，否则容易沉底散烂。

· 熟芡要用量适当：用量多，则粉团黏手不易包捏成形；熟芡少，则成形时容易开裂。熟芡的用量还要根据季节灵活变化，夏秋季节天热容易脱芡，熟芡比例要稍大些，冬季天冷可少放些。

2. 熟粉团

熟粉团的制作工艺与黏质粉团相同，制品特点软糯、有黏性。将糯米粉和粳米粉按比例混合拌匀，加入适量的冷水和成团，上屉蒸熟后放在案板上，反复揉匀揉透至光滑有韧性即成熟粉团，可制作米饺、双酿团、擂沙团子等。

## （三）发酵粉团

### 1. 发酵粉团的性质和特点

发酵粉团仅限于籼米粉，且一般多用水磨粉来制作。根据米粉发酵的特点，需调制成米浆进行发酵。其特点是制品松软可口，在广式面点中使用最多，如棉花糕、伦教糕等。

### 2. 发酵粉团的调制

（1）操作程序：

米粉（80%~90%）、糕肥、水
米粉（10%~20%）水 → 煮芡 → 晾凉 → 和面 → 调面 → 醒发 → 调面 → 成团
糖、枧水、泡打粉

根据米粉发酵的特点，需调制成米浆进行发酵。由于常温下淀粉吸水少，在水中容易沉淀，因此磨粉时可加入适量的籼米饭，或者调浆时以适量的米浆熬成煮芡再加入料浆中。也有的做法是将砂糖熬成糖水，趁热徐徐冲入料浆中。这些做法都是利用煮芡中淀粉糊化产生的黏性来阻止米浆中生淀粉粒因不溶于冷水而沉淀，有利于发酵良好进行。

（2）调制方法　将籼米粉浆的10%~20%加适量水调成稀糊，放入热水锅中煮熟，晾凉后与剩余部分的籼米粉浆拌匀，再加入糕肥、水调拌成均匀的面团，并放于温暖处发酵。通常夏季为6~8h，春秋季为8~10h，冬季为10~12h。待发酵后再加入绵白糖、枧水（或小苏打）和泡打粉一起调拌均匀即成。

（3）操作关键：

· 糕肥用量应随气温变化来调整。夏季减少（最多减少一半），冬季应增加，必须灵活掌握，同时要掌握发酵时间。

· 加枧水的目的是酸碱中和，去除酸味，所以要掌握好枧水的用量。

· 注意影响发酵的因素。发酵时应加盖，要确保发酵的环境温度，若用面粉的老面作酵种，使用前应调散稀浆后再用，并控制加碱量。

· 掌握好熟芡的用量。其作用是利用熟芡中淀粉糊化产生的黏性，阻止米浆中淀粉因不溶于冷水而产生沉淀。

学习笔记

项目总结与感悟

学习笔记

# 项目 5　杂粮面团

## 一、杂粮面团的性质和特点

杂粮是指除稻谷、小麦以外的粮食，如玉米、小米、高粱、豆类、薯类等。杂粮面团，是指将玉米、高粱、豆类、薯类等杂粮磨成粉或蒸煮成熟加工成泥蓉调制而成的面团。杂粮面团的制作工艺较为复杂，使用前一般需要经过初步加工：有的在调制时要掺入适量的面粉来增加面团的黏性、延伸性和可塑性；有的需要去除老的皮筋蒸煮熟压成泥蓉，再掺入其他辅料调制成面团；有的可以单独使用直接成团。

## 二、杂粮面团的营养价值

重/难点解析

::重点

杂粮面团所用的原料除富含淀粉和蛋白质外，还含有丰富的维生素、矿物质及一些微量元素，因此这类面团营养素的含量比面粉、米粉面团的更为丰富。而且根据营养互补的原则，这类面团的营养价值也可以大大提高。由于一些杂粮的生长受季节的影响较强，所以这类面团制品的季节性较强，春夏秋冬，品种四季更新，并且它们有各自不同的风味特色。一些品种的配料很讲究，制作上也比较精细，如绿豆糕、山药糕、像生雪梨等，这些品种熟制后，具有黏韧、松软、爽滑、味香、可口等特点。

## 三、杂粮面团的种类

::难点

杂粮面团的种类比较多，常见的面团有三大类：谷类杂粮面团、薯类杂粮面团和豆类杂粮面团。调制杂粮面团时，无论是调制哪一类都必须注意：第一，原料必须经过精选，并加工整理；第二，调制时，需根据杂粮的性质特点，灵活掺入面粉、澄粉等辅助原料，以控制面团的黏度、筋性和软硬程度，使面团方便操作，同时调节口味和口感；第三，杂粮制品必须突出它们的特殊风味；第四，杂粮制品以突出原料的时令性为贵。

## 任务1　　　　调制谷类杂粮面团

### 一、谷类杂粮面团的性质和特点

　　谷类杂粮面团是指将玉米、小米、高粱、荞麦等磨成粉后，加入一定的辅料（如面粉、米粉或豆粉等）掺和调制而成的面团。其色彩多样、营养丰富、风味独特，多用于地方风味面点、小吃的制作，如黄米面炸糕、荞麦面煎饼、高粱面馒头、玉米饼等。

### 二、谷类杂粮面团的调制

　　谷类杂粮面团的调制工艺要根据具体品种而定，不同的品种有着不同的工艺要求。我们以谷类杂粮面团制品黄金窝头为例，介绍谷类杂粮面团的调制工艺。

#### 1. 谷类杂粮面团制品黄金窝头的配料（表1-13）

表1-13　黄金窝头配料　　　　　　　单位：g

| 品种 | 细糯玉米面 | 黄豆粉 | 糖桂花 | 绵白糖 | 热水 |
|------|-----------|--------|--------|--------|------|
| 黄金窝头 | 250 | 100 | 10 | 60 | 250 |

#### 2. 操作程序

面团调制 ➡ 醒面 ➡ 成形 ➡ 成熟 ➡ 装盘 ➡ 成品

#### 3. 制作方法

　　（1）调制面团　将玉米面、黄豆粉、绵白糖、糖桂花拌匀，加入热水调制成团，盖上保鲜膜醒面30min。

　　（2）成形　将面团搓成长条形面剂，揪成6g/个的剂子，用手蘸少许冷水，将每个小面剂捏成中间空的圆锥形小窝头，捏至窝头厚度为0.3cm左右，内外壁光滑，形似宝塔时即成黄金窝头的生坯。

　　（3）成熟　将窝头上屉蒸制8min即熟。然后趁热将窝头取出摆盘即可。如图1-12所示。

#### 4. 制作关键

　　（1）玉米面要选用糯玉米磨成的

图1-12　黄金窝头

细粉，不能有颗粒。

（2）调制面团时要用热水，这样可使淀粉糊化，使面团有一定的黏性而成团。

（3）黄金窝头生坯要匀称、小巧。

（4）蒸制时要用旺火蒸制效果最好，否则成品容易变形。

### 5. 成品特点

色泽鲜黄，口味香甜细腻，营养丰富。

### 知识拓展

## 糖桂花、玉米、大豆

### 1. 糖桂花

糖桂花是用鲜桂花和白砂糖经加工而成，广泛用于汤圆、粥、月饼、麻饼、糕点、蜜饯、甜羹等小吃糕饼和点心的辅助原料，色美味香。糖桂花味甘、性平，有润肺生津止咳、和中益肺、舒缓肝气、滋阴、调味、除口臭、解盐卤毒之功效。

### 2. 玉米

玉米是禾本科植物玉蜀黍的种子，原产于中美洲，16世纪时传入中国，是全世界总产量最高的粮食作物。玉米胚特别大，占总重量的10%～14%，其中含有大量的脂肪，因此可从玉米胚中提取油脂。由于玉米中含有较多的脂肪，所以玉米在贮存过程中易酸败变质。玉米既可磨粉，又可制米，玉米粉没有等级之分，只有粗细之别，玉米粉可制作窝头、丝糕、粥、饼等。玉米粉中的蛋白质不具有形成面筋弹性的能力，持气性能差，通常需与面粉掺和后方可制作各种发酵类点心。用玉米制出的碎米称玉米碴，可用于煮粥、焖饭。糯玉米也称黏玉米，是一种十分受欢迎的粮食兼蔬菜作物，糯玉米籽粒不透明，无光泽，外观似蜡质，煮熟后黏软，富于黏性。糯玉米胚乳中的淀粉近100%为支链淀粉，其淀粉比普通玉米淀粉更易于消化，适口性好，营养丰富。近年来，我国在糯玉米的产品开发和综合加工利用方面取得较大进展，目前主要有果穗鲜食、速冻保鲜、加工罐头、制作食品、用于酿造、加工淀粉和淀粉糖等。

### 3. 大豆

黄豆的学名为大豆，栽培大豆起源于中国，中国栽培大豆的历史已有数千年之久。大豆的营养价值非常丰富，素有"豆中之王"之称，被人们称作"植物肉""绿色的乳牛"。干黄豆中含高品质的蛋白质约40%，为其他粮食之冠；大豆中的脂肪含量在豆类中居首位，出油率高达20%。大豆富含异黄酮，可断绝癌细胞营养供应；含人体必需的8种氨基酸，多种维生素及多种微量元素；大豆不含胆固醇，可降低血中胆固醇，预防高血压、冠心病、动脉硬化、可以美容等；大豆内含亚油酸，能促进儿童神经发育；大豆中所含的软磷脂是大脑细胞组成的重要部分，对增加和改善大脑记忆有重要的效能；大豆可以加工成豆腐、豆浆、豉油、腐乳和众多保健品等。

## 任务2　　调制薯类杂粮面团

### 一、薯类杂粮面团的性质和特点

薯类杂粮面团是指用马铃薯、红薯、山药、南瓜、芋头等加工成粉或蓉泥，配以其他辅助材料再经调制而成的面团。薯类含有丰富的淀粉和大量的水，成团时需先将原料洗净去皮，放入蒸屉中蒸熟后趁热制成蓉泥，再掺入适量的面粉或米粉、澄粉等配料调制而成。此类面团松散带黏、软滑细腻，其成品软糯适宜，口感细腻柔软、口味清香甘美，有浓郁的乡土味。如山药饼、南瓜包、芋头糕、苕饼、薯蓉卷等。

### 二、薯类杂粮面团的调制

薯类杂粮面团的调制工艺要根据具体品种而定，不同的品种有着不同的工艺要求。以薯类杂粮面团制品像生雪梨为例，介绍薯类杂粮面团的调制工艺。

#### 1. 薯类杂粮面团制品像生雪梨的配料（表1-14）

表1-14　像生雪梨配料　　　　　　　　单位：g

| 品种 | 红心红薯 | 澄粉 | 糯米粉 | 绵白糖 | 黄油 | 豆沙馅 | 鸡蛋 | 面包糠 | 山楂条 |
|---|---|---|---|---|---|---|---|---|---|
| 像生雪梨 | 300 | 30 | 100 | 30 | 10 | 300 | 50 | 100 | 50 |

#### 2. 操作程序

加工红薯 → 调制面团 → 包馅成形 → 炸制成熟 → 装盘 → 成品

#### 3. 制作方法

（1）加工红薯　将红心红薯洗净去皮，切成厚片，摆在铺有保鲜膜的蒸屉上，表面再盖上一层保鲜膜，旺火蒸制15min至红薯成熟，趁热用刀背擦成红薯泥蓉。

（2）调制面团　将澄粉和一半的糯米粉、绵白糖一并加入热的红薯蓉中擦匀，再将剩余的糯米粉和黄油加入擦至均匀成为薯蓉面团。

（3）成形 将面团分成35g/个的面剂，再将豆沙馅分成15g/个的剂子，包入皮面中，捏成鸭梨的形状，表面刷上一层蛋液，再均匀地粘上面包糠，顶部插上一个稍细些的山楂条，即为像生雪梨的生坯。

图1-13 像生雪梨

（4）炸制成熟 将锅内倒入色拉油，升温至180℃，将生坯轻轻放入，炸至浮起、色泽金黄时即可捞出控油，然后摆盘即可。如图1-13所示。

### 4. 制作关键

（1）红薯在蒸制时底部和表面都要铺上保鲜膜，以防止红薯中吸入过多的水分，并且一定要蒸熟蒸透。

（2）要用糯米粉控制好薯蓉面团的软硬程度。

（3）要控制好炸制的油温和火候。

### 5. 成品特点

象形逼真、外酥里嫩、味道鲜美。

## 任务3　　　　调制豆类杂粮面团

### 一、豆类杂粮面团的性质和特点

豆类杂粮面团是指将各种豆类（绿豆、赤豆、豌豆、扁豆、芸豆等）加工成粉或泥，或单独调制，或与其他原料一同调制而成的面团。其制作方法有两种：一种是将豆煮至软烂，趁热去皮，擦制成泥，再制成各种糕和冻，如赤豆糕、豌豆黄等；另一种方法是将豆类晒干磨成粉，掺入米粉、糖、油等辅料，再制成各种糕类，如绿豆糕、芸豆糕等。此类制品口味香甜，有豆泥的沙性，风味独特。

### 二、豆类杂粮面团的调制

豆类杂粮面团的调制工艺要根据具体品种而定，不同的品种有着不同的工艺要求。以豆类杂粮面团制品豌豆黄为例，介绍豆类杂粮面团的调制工艺。

学习笔记

### 1. 豆类杂粮面团制品豌豆黄的配料（表1-15）

表1-15　豌豆黄配料　　　　　单位：g

| 品种 | 白豌豆 | 小苏打 | 绵白糖 | 清水 | 琼脂 |
|------|--------|--------|--------|------|------|
| 豌豆黄 | 250 | 0.5 | 100 | 500 | 5 |

### 2. 操作程序

煮豌豆 ➡ 制豆泥 ➡ 炒豆泥 ➡ 装模具定型 ➡ 冷藏 ➡ 切块 ➡ 装盘

### 3. 制作方法

（1）制豆泥　将白豌豆洗净，用清水浸泡8h。再将泡好的白豌豆倒入不锈钢或铜锅内，加入清水和小苏打，用旺火煮开，再转为小火将白豌豆煮成稀粥状时关火。将煮烂的豌豆带汤一起过细箩成豆泥。将琼脂用冷水浸泡至变软待用。

（2）炒豆泥　将豆泥和泡软的琼脂一并倒入不锈钢或铜锅内，在小火上用木铲不断翻炒，切记不要使之煳锅，炒至浓稠时用木铲盛起再倒下，呈片状流下时加入绵白糖继续翻炒，待糖与豆泥融合，用木铲盛起再倒下，豆泥向下流得很慢，流下的豆泥形成一堆，并逐渐与锅中的豆泥融合时即可关火。

（3）成形　将炒制好的豆泥倒入铺有保鲜膜的平底方盘内用抹刀抹平表面，或取一个方形饭盒，内壁抹匀一层橄榄油，将豆泥倒入其中抹平表面，上面再盖上一张高温纸，防止表皮风干出现裂纹，影响美观。将其放在室温下冷却，然后送入冰箱内冷藏6h，待其凝固后即成豌豆黄成品。

（4）装盘　将凝固定型的豌豆黄取出，揭去表面的高温纸，用锋利的刀（刀上沾少许水）将其切成小块，摆入盘中即可。如图1-14所示。

图1-14　豌豆黄

重/难点解析

::重点

::难点

### 4. 制作关键

（1）原料要选用白豌豆，煮豆和炒豆泥不能用铁锅，因豌豆遇铁器易变黑，最好选用铜锅，煮制白豌豆时一定要足够软烂。

（2）豆泥必须过细箩，否则不够细腻。

（3）炒豆泥时要掌握好火候，并不停翻动，避免糊锅。

（4）要控制好豆泥中的水分含量，若水分过多，则凝固后切不成块；若水分过少，则凝固后会出现裂纹。

### 5. 成品特点

色泽美观、细腻纯净、香甜凉爽、入口即化。

思政园地：

## 怀匠心　重传承

得月楼，创建于明代嘉靖年间，位于苏州虎丘半塘野芳浜口，为盛苹州太守所筑，距今已有四百多年历史。其传承苏帮菜点，以擅长制作明代流传下来的船菜、船点吴中第一宴而享誉中外。

吕杰民，苏州得月楼点心大师，苏帮菜点制作技艺市级非遗传承人。1983年技工学校科班毕业后进得月楼，拜在非遗第二代传人董家荣门下，跟随师傅学习苏式船点。吕杰民苦练技艺几十年，制作的船点精巧玲珑，鲜亮逼真，惟妙惟肖，现已成为苏式面点一线的"当家大厨"。

2014年中央电视台《舌尖上的中国》第2季，曾以得月楼船点为主线，讲述了吕杰民和徒弟们的故事。对于吕杰民，他是继承者，更是传承者，他把自己所学、所悟毫无保留地传授给后辈，师徒相传，使中国饮食烹饪文化经久不衰、历久弥新。

苏式船点

## 项目 6　其他类面团

**任务1　　　　　　　调制淀粉类面团**

淀粉类面团是指以淀粉为主要原料加水和少量油脂及糖等调制而成的面团。常见的淀粉类面团为澄粉面团。

### 一、澄粉面团的性质和特点

澄粉是面粉通过加工去掉蛋白质和各种灰分后所得的纯淀粉，即小麦淀粉，其特点是色泽洁白、光滑细腻。澄粉面团是指澄粉加入适量的沸水调制而成的面团，其面团色泽洁白，无弹性、韧性和延伸性，但具有良好的可塑性，适合制作各类精细的造型类点心，其制品成熟后晶莹剔透，呈半透明或透明状，蒸制品口感爽滑细腻、软糯滑嫩，炸制品焦脆爽口。

由于其成分几乎全部是淀粉，而不含面筋蛋白质，所以和面时必须用100℃的沸水来调制，同时要按比例加入适量的生粉以增加面团的弹性。通常用澄粉面团制作晶莹剔透的中式点心，如水晶冰皮月饼、水晶虾饺、粤式肠粉、粉果、象形瓜果、花草、动物等。

**重/难点解析**

∷重点

### 二、澄粉面团的调制原理

澄粉面团的形成主要是利用淀粉受热大量吸收水分发生糊化反应，使淀粉粒黏结而形成面团。调制澄粉面团时通常用100℃的沸水一次性倒入澄粉中，快速搅拌、搓擦均匀成团。

∷难点

### 三、澄粉面团的调制

**（一）澄粉面团调制的配料（表1-16）**

表1-16　澄粉面团配料　　　　　　　　　单位：g

| 品种 | 澄粉 | 生粉 | 沸水 | 猪油 | 盐 |
|---|---|---|---|---|---|
| 澄粉面团 | 150 | 150 | 300 | 10 | 5 |

学习笔记

重/难点解析

:: 重点

:: 难点

**（二）操作程序**

澄粉、生粉、盐过筛 ➡ 快速浇入沸水 ➡ 快速搅拌
⬇
成团 ⬅ 快速搓擦均匀 ⬅ 倒在案板上加猪油

**（三）调制方法**

（1）先将澄粉、生粉与盐一并过筛倒入不锈钢盆中，将沸水一次性冲入澄粉中，用筷子迅速搅拌成团，倒在案板上。

（2）加入猪油，趁热快速用手掌反复搓擦至其光滑均匀即成澄粉面团。

（3）将揉匀的澄粉面团盖上湿毛巾或封上保鲜膜醒面。

**（四）调制关键**

（1）掌握好澄粉和生粉的比例  只有澄粉和生粉的比例合适，才能使面团既有较好的可塑性，又有一定的韧性，便于成形。

（2）要把握好水温和水量  调制澄粉面团时一定要加沸水，并且要一次性加入，让澄粉充分发生糊化，使面团黏性好；同时控制好加水量，让澄粉充分吸水发生糊化反应达到全熟的效果，通常调制澄粉面团时粉与水的比例约为1:1。

（3）要趁热充分揉面  调制澄粉面团时一定要趁热将面团擦匀揉透，防止面团出现白色斑点，使面团光滑细腻，柔软性更好，便于成形。

（4）面团中要加入适量的猪油  调制澄粉面团时加入猪油会使面团更加光滑细腻，使制品成熟后光泽度更好，口感更加软嫩滋润。

**任务2      调制果蔬类面团**

**一、果蔬类面团的性质和特点**

果蔬类面团就是用各种不同的蔬菜、水果与澄粉、面粉、米粉、鸡蛋、油、糖等拌和调制（或直接用水果制坯）而成的面团。其成品富含各种维生素、果酸和微量元素，由于原料品种的多种多样，使成品风味各异，别具特色。

用于果蔬类面团制作的果蔬主要有荸荠（马蹄）、慈姑、栗子、莲子、山楂、萝卜、莲藕等，大多数用于制作各种糕、饼，如马蹄糕、慈姑饼、莲子糕、藕丝糕、萝卜糕等。

## 二、果蔬类面团的调制

调制果蔬类面团时通常要先将水果或蔬菜加工成小颗粒、细丝或蒸熟捣成泥蓉状，再加入一定的辅助原料，如澄粉、熟面粉、糯米粉或烫面团等，以使其成团，并增加果蔬面团的黏性和可塑性，便于造型。

果蔬类面点制品软糯适宜，滋味甜美，滑爽可口，营养丰富，并具有浓厚的果蔬清香味，深受食客的青睐。以果蔬类面团制品马蹄饼为例，介绍果蔬类面团的调制工艺。

### （一）果蔬类面团制品马蹄饼的配料（表1-17）

表1-17　马蹄饼配料　　　　　　　　单位：g

| 品种 | 鲜马蹄 | 糯米粉 | 澄粉 | 猪油 | 面包糠 | 鸡蛋 | 枣泥馅 |
|------|--------|--------|------|------|--------|------|--------|
| 马蹄饼 | 500 | 150 | 20 | 10 | 50 | 50 | 200 |

### （二）操作程序

煮马蹄 ➡ 面团调制 ➡ 包馅成形 ➡ 炸制成熟 ➡ 装盘 ➡ 成品

### （三）制作方法

（1）煮马蹄　将鲜马蹄去皮洗净，放入沸水锅中煮制15min捞出，趁热剁碎成末。

（2）面团调制　将马蹄末装入盆中，加入澄粉、糯米粉和猪油拌匀即成马蹄饼面团，若面团水分不够，可加入适量热水调制成团，盖上湿布醒制30min。

（3）成形　将面团搓条，分成35g/个的面剂，再将枣泥馅分成15g/个的剂子。取一个面剂，按成圆皮，包入一个枣泥馅，封口团成圆球，再用手掌拍成稍厚的圆饼状，表面刷蛋液，再粘上一层面包糠即成马蹄饼的生坯。

（4）炸制成熟　将锅置于火上，加入色拉油烧至180℃，将生坯放入炸制，至饼浮起呈微黄色即可捞出控油，然后摆入盘中即可。如图1-15所示。

### （四）制作关键

（1）鲜马蹄要入锅煮熟后再且碎，并且要保证大小均匀一致。

（2）要控制好马蹄和糯米粉的比例。

图1-15　马蹄饼

学习笔记

（3）要控制好炸制的油温，使成品色泽浅黄。

**（五）成品特点**

色泽浅黄、脆嫩爽口、清香甜润。

**项目拓展**

### 同类点心的开发

莲子、栗子均可煮熟后制成泥蓉，再加入其他辅料制成糕类，莲蓉加入熟澄粉团揉搓成莲蓉面团，包入各种馅心，可以制成各种莲蓉点心；栗子磨成粉掺入其他粉料中可制成各种特色面点。萝卜、莲藕、南瓜加工后和其他粉料配合使用，能制成各种特色糕类和团类。

重/难点解析

::重点

::难点

## 任务3　　　　　　　　　　调制冻羹类制品

### 一、冻羹类制品的性质和特点

冻羹类制品是指用鲜果、果仁、琼脂、明胶及糖、乳制品等为原料制成的各种具有特殊风味的美点和小吃。此类面团种类也较多，各地均有不同的制作特色且具有时令性和季节性，如各种羹、汤、糊、露等。其在制作技术上较为简单，便于操作，可借鉴成熟工艺中的煮制技术来制作。冻羹类制品具有解腻清口、开胃健脾、消暑解渴、增进食欲的特点，如杏仁豆腐、西瓜酪、椰汁西米露、三色奶糕、核桃冻糕、姜汁撞奶、双皮奶等。

### 二、冻羹类制品调制

以冻羹类制品椰汁西米露为例，介绍冻羹类制品的制作工艺。

**（一）冻羹类制品椰汁西米露的配料（表1-18）**

表1-18　椰汁西米露配料　　　　　　　单位：g

| 品种 | 西米 | 椰浆 | 纯牛奶 | 冰糖 | 新鲜水果 |
|------|------|------|--------|------|----------|
| 椰汁西米露 | 100 | 200 | 1000 | 100 | 适量 |

## （二）操作程序

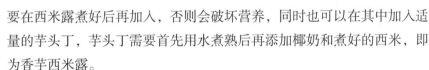

注：新鲜水果切成小丁均可用，如西瓜、芒果、木瓜、菠萝、猕猴桃、火龙果、哈密瓜等。

## （三）制作方法

（1）煮西米 将锅中添入适量清水大火烧开，改为小火，加入西米煮制，要边煮边搅拌，防止糊锅，待煮至西米中有一个小白心的时候关火，过冷水，冲去多余的淀粉。

（2）熬汁 锅内加入纯牛奶、椰浆和冰糖煮沸，改为小火，加入煮过的西米，边煮边搅至西米透明即可关火。

（3）盛装 将西米露盛入小碗中，上面加入适量的鲜芒果丁即可。如图1-16所示。

图1-16 椰汁西米露

## （四）制作关键

（1）西米必须要沸水下锅，否则容易粘连。

（2）西米煮透后必须要过冷水浸漂，否则也会粘连成团。

（3）新鲜水果丁不要切得过大，要在西米露煮好后再加入，否则会破坏营养，同时也可以在其中加入适量的芋头丁，芋头丁需要首先用水煮熟后再添加椰奶和煮好的西米，即为香芋西米露。

## （五）成品特点

色彩丰富、营养丰富、清甜可口、回味无穷。

学习笔记

项目总结与感悟

学习笔记

项目总结与感悟

思政园地：

## 中华美食向未来

2014年4月30日，在美国纽约举行了一场"中国·山西美食走进联合国、走进纽约"系列活动，此项活动助推了中国餐饮文化的传播，实现了与全球共享中华美食的美好愿望。

山西地处黄河中游，是世界上最早最大的农业起源中心之一，也是中国面食文化的发祥地。山西的餐饮文化富有地域特色，山西面食不仅是中华民族饮食文化中的重要组成部分，也是世界饮食文化中的一朵奇葩。

本次山西美食走进联合国系列活动包括在联合国的"中国山西美食展示""中国山西美食品鉴会"以及"中国山西面食进入纽约餐厅""中国山西美食进入纽约大学""中美餐饮企业家座谈会"等活动，山西美食花样繁多，其所表现的主题都是以祈求美满富裕、健康长寿、平安幸福为主旨，不仅是山西人的美好愿望，更是全世界人民共同的期盼。

当代中国，文化自信是具有科学性的时代命题，我国优秀传统文化复兴已经成为不可阻挡的趋势，究其根本，是我国传统文化具有独特的魅力，同时也是我国综合国力提升、民族自信增强阶段的必然结果，在本质上是符合当前文化自信的主流价值导向的。

中华美食向未来

# 模块二

# 水调面团制品实训

## 学习目标

### ● 知识与技能目标

1. 能够熟练掌握水调面团的定义、成团原理、分类及其特点

2. 能够熟练掌握三种水调面团成团的影响因素

3. 能够熟练掌握三种水调面团的调制技法

### ● 过程与能力目标

1. 能够根据制品的特点选用不同性质的面团进行制作

2. 能够根据制品的特点掌握制作过程的技术关键点

3. 能够通过学习和训练培养学生触类旁通的意识

### ● 道德、情感与价值观目标

1. 培养学生的节约意识和安全卫生习惯

2. 培养学生的团队意识和刻苦钻研能力

3. 培养学生的职业素养和开拓思维能力

学习笔记

# 项目 1　冷水面团制品

## 任务1　　　　　　制作猴头酥

### 🥟 产品介绍

　　猴头酥因外形酷似猴头蘑而得名，是利用抻面的技法制成的。制作猴头酥需要一定的基本功，才能使成品丝条细如发丝、蓬松酥脆。

　　猴头酥特点：色泽金黄，形如猴头蘑，外形美观、规整，丝条细而均匀，口感外表酥脆、内里柔韧，口味香甜适口（图2-1）。

### 🥟 原料配方

主料：高筋面粉500g，绵白糖75g，水280g。

馅心原料：莲蓉馅（每个8g）。

辅助原料：色拉油1000g，中筋面粉适量。

### 🥟 设备工具

　　烤炉、烤盘、不锈钢托盘、刀、刮板、烤盘纸、吸油餐巾纸等。

重/难点解析

:: 重点

:: 难点

图2-1　猴头酥

### 制作流程

（1）调制冷水面团，盖上容器或者保鲜膜松弛1h。

（2）将面团进行溜条，然后出条抻至10扣的细度，将面条进行整理，用刀将其分成大约为10cm的小段，用手捏住面条段的一端，放入盛有色拉油的托盘中，让其浸泡在油中10min。

（3）拿起一个面条段，用手将多余的油脂挤出去，再对折一扣轻轻抻长，对折的一头放在铺有烤盘纸的烤盘中，取一个莲蓉馅，放在上面，手持面条的另一头将丝条顺着同一个方向均匀地缠绕在莲蓉馅上，注意缠绕的时候不要使丝条拧劲，并且要盘得松一些，最后将丝条的另一头掐断，盖在莲蓉馅的顶端，用手指轻轻将顶端按平，即为猴头酥的生坯。

（4）烤炉预热至200/180℃，将生坯送入烤制，约烤制4min底部稍加上色并定型后，将其翻面，并轻轻将其按平整，然后继续烤制，待两面颜色均呈金黄色即熟。

（5）将猴头酥趁热轻轻取出，放在吸油纸上，将其立起来，趁热用双手轻轻磕动丝条的底部，将丝条磕松开呈猴头蘑状即可装盘。

### 操作要点

（1）调制面团要偏软，这样会便于溜条和出条；调制好的面团要松弛足够长的时间，让面粉中的蛋白质充分吸收水分形成足够的面筋。

（2）抻面的技法要精准熟练，抻出的丝条要细而均匀、不黏条、无断条。

（3）猴头酥包馅时要注意手法，要使丝条顺着一个方向缠绕在馅心上面，并确保每个产品大小一致、形状均一、美观。

（4）烤制过程中要记得将生坯翻一次面，确保成品的形状和颜色的统一。

（5）猴头酥出炉后磕动时的手法要稳而轻，使丝条松散，确保丝条不被破坏。

### 知识拓展

　　制作猴头酥所用的馅心是千变万化的，既可以选用各种甜馅，如豆沙馅、枣蓉馅、莲蓉馅、凤梨馅等；也可以使用咸馅，比如将猪肉馅调好口味，然后团成圆球，进行冷冻定型，用这样的肉馅来制作猴头酥，

重/难点解析

∷重点

∷难点

学习笔记

重/难点解析

::重点

::难点

更是别有一番风味。

利用抻面的技法可以制作出很多种不同特色的点心，如金丝饼、银丝卷、龙须面、龙须酥、象形金鱼、金丝贝壳、龙须果篮等。

## 任务2　　　　　　制作香河肉饼

### ▨ 产品介绍

香河肉饼是河北省香河县的特产，其历史悠久，有200多年的历史。据记载，明初年间的明成祖朱棣迁都北京时，有大批的回族人被迁移到北京东部的香河一带，他们将这种皮特别薄的肉馅饼也带了过来。这种肉馅饼，主要是采用牛羊肉做馅心的，后来，经过人们上百年的传承、研究和改进，逐渐将牛羊肉馅改换为用猪肉来做馅心，从而，创造出了风味独特的香河肉饼。因为香河位于北京的东面，因此，许多北京人也会把香河肉饼称为"京东肉饼"。

香河肉饼特点：皮薄，肉厚，油汪汪，吃起来皮面质软柔韧，馅心鲜美细嫩，非常符合北方人的饮食习惯，咬起来实实在在，细品又韵味悠长，既可当菜，也可做主食（图2-2）。

### ▨ 原料配方

主料：高筋面粉500g，雪白乳化油50g，盐5g，水325g。

馅心原料：猪肉馅500g，酱油15g，十三香4g，鸡粉8g，姜末10g，熟豆油80g，香油15g，蚝油10g，盐6g，葱花120g。

辅助原料：大豆油适量（用于香河肉饼成熟）。

图2-2　香河肉饼

### 设备工具

炉灶、平底锅、电子秤、不锈钢托盘、筷子、刮板、擀面杖、扁匙、油刷、锅铲、保鲜膜等。

### 制作流程

（1）调制皮面　将过筛后的面粉倒在案板上扒窝，放入雪白乳化油和盐搅拌均匀，分次加入冷水调制成软面团，利用摔打的方法将面团调制成表面光滑、组织均匀的状态，盖上容器松弛1h。

（2）调制馅心　将猪肉馅置于盆中，加入酱油，用工具顺同一个方向搅拌至渗入肉馅中，依次加入十三香、鸡粉、姜末，搅拌均匀，再分次加入熟豆油、香油和蚝油搅拌均匀，加入盐调口味，最后加入葱花拌匀即可使用。

（3）成形　将松弛好的面团分成每个70g的面剂，用手轻轻将面剂拍扁，形成圆的面皮，放在左手掌中，右手持扁匙将肉馅打在皮的中心部位，馅心的重量大约为100g，然后左手利用拢上法边转皮收口，边用扁匙轻轻按馅，直至将馅心全部按入皮中，左手完全收口使饼呈圆球形，揪掉收口后多余的剂头。将饼放在案板上，用手掌轻轻将其按成厚度约为1cm的圆饼，即为香河肉饼的生坯。

重/难点解析

∷重点

（4）烙制成熟　将平底锅置于炉灶上，升温至200℃左右，锅内淋入少许豆油，然后将生坯放入锅内，表面刷少许豆油，盖上盖子烙至饼的两面呈金黄色、侧面鼓起即为成熟。

### 操作要点

（1）调制的冷水面团要偏软，如果时间充裕的话，还可以让面团松弛更长的时间，使面筋充分形成，会更利于操作。

∷难点

（2）在调制馅心的时候，可根据肉馅的干湿程度打入少许的水或老汤，以增加馅心的口感，但切忌不要打得过多，否则不易包馅成形。

（3）在包馅成形时要双手配合、均匀用力，以保证皮的厚度薄而均匀，并且使馅心居中。

（4）烙制成熟时要盖上盖子，并且锅内的油量不可太多，要适量为好。

### 知识拓展

香河肉饼是回族人带到北京东部香河一带的，因此最初是用牛肉和羊肉做馅，但现在汉族人吃多用猪肉做馅，再将少量的韭菜、茴香等味

学习笔记

道浓的菜馅搅入其中，也别具一番风味。

## 任务3　　　　　制作煎饼果子

### 产品介绍

煎饼果子是天津著名的小吃，在煎饼里裹上油条（天津、河北大部分地区称之为果子），所以称"煎饼果子"。

煎饼果子特点：成品表皮色泽金黄，煎饼软韧，馅心口味丰富，营养丰富，变化多样，香气扑鼻，味美适口（图2-3）。

### 原料配方

主料：高筋面粉200g，玉米面100g，水400g。

馅心原料：鸡蛋、小葱、生菜、辣酱、火腿肠各适量。

辅助原料：豆油适量（成熟用）。

### 设备工具

煎饼锅、面盆、竹蜻蜓、刮板、手勺、铁铲、抹刀、打蛋器等。

重/难点解析

:: 重点

### 制作流程

准备原料 ➡ 调制冷水面糊 ➡ 准备馅心 ➡ 摊制成熟 ➡ 定型装盘

（1）调制冷水面糊　将面粉过筛倒入盆中，倒入玉米面后搅匀，分次加水，用打蛋器不停搅拌均匀，直至搅拌成没有面粉颗粒的面糊，此时的面糊用勺子舀起来，倒下应呈一条细线，将面糊静置30min备用。

（2）准备馅心　将火腿肠在煎饼锅上煎熟备用，此时还可根据个人喜好

:: 难点

图2-3　煎饼果子

准备鸡柳、培根、薄脆、紫甘蓝等作为馅心。

（3）摊制成熟　将煎饼锅升温至150℃，用厨房用纸蘸少许豆油均匀涂抹在锅表面，用手勺盛一勺面糊倒在饼锅中心位置，然后用竹蜻蜓按顺时针方向均匀地用力将面糊摊开，呈薄饼状，在饼上打一个鸡蛋，撒黑芝麻（或白芝麻）和少许葱花，用竹蜻蜓将蛋液摊开，待蛋液稍凝固后将煎饼翻面，根据个人口味适当刷一层甜面酱或辣酱，分别将适量的生菜、烤熟的火腿肠和油条放在饼中心，最后将饼的四边折起呈长方形装盘即可。

### 操作要点

（1）调制面糊时要分次加水，边加边搅拌，面糊要调至细腻光滑。

（2）煎饼锅上抹油要少而均匀。

（3）在摊制煎饼时要用力均匀，使煎饼薄且厚度均匀。

（4）根据个人的口味要求，可适当增减或调换煎饼中所卷的馅料。

### 知识拓展

采用摊制的技法可以制作出很多种特色点心，如鸡蛋饼、春卷皮等。

学习笔记

重/难点解析

:: 重点

:: 难点

## 项目 2 温水面团制品

### 任务1 制作花色蒸饺

**■ 产品介绍**

　　花色蒸饺是比较有特色的京式面点品种，它的成形技法比较复杂，制作手法精细，造型美观，口味丰富，颜色诱人，是一道在高档宴会中才会出现的象形类点心。

花色蒸饺特点：成品色泽洁白、皮薄馅大、造型美观、变化多样、色彩斑斓，皮的口感柔韧、馅心口味鲜香（图2-4）。

**■ 原料配方**

主料：高筋面粉250g，盐2g，雪白乳化油25g，温水（50～60℃）100g。

馅心原料：猪肉馅250g，酱油5g，花椒面2g，味精5g，鸡粉5g，姜末10g，材料油25g，葱花25g，香油5g，蚝油10g，盐6g。

酿馅原料：绿彩椒、红彩椒、黄彩椒、煮熟的鸡蛋白、泡发木耳等各适量；色拉油、香油、盐、味素适量。

**■ 设备工具**

　　蒸柜、不锈钢蒸屉、刮板、擀面杖、扁匙、筷子、保鲜膜、酿馅用

图2-4　花色蒸饺

的小工具等。

### 制作流程

调制温水面团 ➡ 松弛 ➡ 调制馅心 ➡ 分别调制酿馅原料

装盘 ⬅ 蒸制成熟 ⬅ 酿馅成形 ⬅ 包馅 ⬅ 擀圆皮 ⬅ 面坯分剂

（1）调制皮面　将面粉倒在案板上，用刮板扒窝，加入盐，再分次加入温水，用手将面粉与水抄拌均匀，再加入雪白乳化油，用双手揉制成表面光滑、组织均匀的面团，用保鲜膜包好放置松弛1h。

（2）调制包制蒸饺的馅心　猪肉馅中加入酱油，用扁匙顺同一个方向搅拌均匀，然后按顺序再分别加入花椒面、味精、鸡粉、姜末、材料油、葱花、香油和蚝油，要边加边顺同一个方向搅拌均匀，最后加入适量的盐来调节口味即成馅心。

（3）将花色蒸饺酿馅用的原料分别切成均匀的米粒大小，分别加入少许色拉油、香油、盐、味素进行调味，拌匀待用。

（4）四喜蒸饺成形　将松弛好的面坯分成每个18g的面剂，用小平杖擀成厚度一致的圆形饺子皮，包入馅心，然后用双手的食指和拇指配合将圆皮顶端均匀分成四个小洞，将四边的皮黏合，注意要保持四个小洞的大小均匀一致，边缘要整齐，然后在四个小洞中用小工具分别酿入不同颜色的馅料，注意在酿馅时要干净利落，保证每个小洞只有一种颜色，并且要把最上面皮的边缘露出来，因此不可将馅料填得过满，最后稍加整理，并捏出四个小角，摆入蒸屉中，即为四喜蒸饺生坯。

（5）鸳鸯饺成形　同样取一个圆皮，上馅，然后将皮对折，将对折的皮的顶端捏合，旋转90°，用双手的食指和拇指分别拢住皮的边缘对称捏合成边缘为两个大洞、中间为两个小洞的形状，稍加整理使四个小洞均匀而且对称，再酿入不同的馅心，最后再稍加整理，摆入蒸屉中，即为鸳鸯饺生坯。

（6）将生坯放入烧开水的蒸箱内，蒸制时间为5min即可取出装盘。

### 操作要点

（1）要正确掌握温水面团的调制要领，调制的温水面团要稍硬，这样易于花色蒸饺成形，在成熟时也不易变形。

（2）调制的馅心不要过软，否则包馅后容易变形。

（3）皮的厚度要一致，成形手法要干净利落，确保成品的造型美观度。

（4）准确掌握蒸制成熟的时间，以保证成品的外形没有变化。

**知识拓展**

花色蒸饺的造型还有很多种，可以制作出各种象形的饺子，作为花色蒸饺酿馅用的原料也有很多种，如海参、玉米、青豆、火腿、胡萝卜等，只要是颜色鲜艳些、质地坚实些、水分含量相对少的原料均可以使用。

这类花色蒸饺的皮面还可以调整为加入一定量的澄粉面团来制作，加入了澄粉面团后的皮面其可塑性会提高，蒸熟后的皮面光泽度和口感会是不一样的感觉。

## 任务2　　　　制作广式煎饺

**产品介绍**

广式煎饺是广东一带的特色饺子，其特点是皮薄、馅大、造型美观、捏褶均匀、金黄皮脆、肉鲜味美，是广东早茶店常见的一种茶点（图2-5）。

**原料配方**

主料：高筋面粉250g，盐2g，雪白乳化油25g，沸水50g，冷水50g。

馅心原料：猪肉馅250g，盐3g，味精4g，绵白糖5g，香油10g，色拉油20g，生粉10g，料酒3g，蚝油3g，胡椒粉1g，葱姜汁40g，韭菜70g，马蹄丁75g。

辅料：大豆油适量（用于广式煎饺成熟）。

**设备工具**

蒸柜、蒸屉、炉灶、平底锅、电子秤、刮板、擀面杖、扁匙、锅铲、油刷、筷子、保鲜膜等。

图2-5　广式煎饺

重/难点解析

::重点

::难点

### 制作流程

调制温水面团 ➡ 松弛 ➡ 调制馅心 ➡ 面坯分剂 ➡ 擀圆皮

装盘 ⬅ 煎制上色 ⬅ 蒸制成熟 ⬅ 捏褶成形 ⬅ 包馅

（1）调制皮面　将一半的面粉倒在案板上，用刮板将面粉拨成垄沟状，然后边向面粉上均匀地浇热水，边用刮板迅速调拌面粉，尽可能地将面粉烫制均匀，成烫面团，再摊开放置散去面团中的热气。然后加入盐和雪白乳化油拌均匀，最后加入剩余的面粉，分次加入冷水，将其调制成软硬适中的温水面团，用保鲜膜包好放置松弛1h。

（2）调制馅心　其投料顺序为：猪肉馅→盐→葱姜汁→味精→绵白糖→生粉→胡椒粉→蚝油→料酒→色拉油→香油→马蹄丁→韭菜。要边加原料，边用手顺着同一个方向不停地搅拌，直至搅拌均匀。

（3）成形　将松弛好的面团搓条，揪成每个15g的面剂，然后撒上干面粉，团圆并按扁，用擀面杖擀成圆皮。取一个圆皮，放在左手，右手持扁匙上馅，然后用右手的拇指和食指捏住皮的两侧，双手配合，用右手的食指向前推捏饺子皮成弯梳状的饺子形，即为广式煎饺的生坯，将生坯摆入蒸屉中。

（4）成熟　将生坯旺火蒸制5min后取出，然后将炉灶点火，平底锅升温至200℃，锅底部淋稍多些的豆油，将蒸熟的饺子整齐地摆入锅中，进行煎制上色，待煎至底部呈金黄色，再将饺子翻到另一面继续煎制，同样煎至金黄色，即可取出装入盘中。

### 操作要点

（1）调制的面团软硬程度要适中，不可过软，否则蒸制成熟时容易变形。

（2）擀的皮面不可过厚，否则影响成品的口感和美观度。

（3）成形时要注意手法，要反复练习，才会熟能生巧，确保每个产品的大小一致、形状均一而美观。

（4）蒸制成熟的时间要掌握好；煎制上色的温度和时间也要控制好。

### 知识拓展

制作广式煎饺调制的馅料中用到一种特殊的原料马蹄，又称之为荸荠，它是一种生长在热带和亚热带地区的植物。马蹄的皮色紫黑，肉质洁白，味甜多汁，清脆可口，既可以做水果生吃，又可以做蔬菜食用。

学习笔记

## 任务3　　　　　　　制作千层肉饼

### 产品介绍

相传唐朝年间，百姓为感激唐玄奘从西域取经归来，分别带着寓意千卷佛经的食品来古城长安祭奠唐玄奘，后来一位御厨将此食品带到宫廷中，经过精心改良成了宫廷非常独特的一种御用点心。时过境迁，这种独特的宫廷御膳又流传到了民间，被称为"千层肉饼"，并历经千年，流传至今。

千层肉饼特点：皮面薄如纸，色泽金黄，皮面与肉层层相隔，层次鲜明，外酥里软，香酥适口；肉馅鲜嫩，油而不腻，香飘四溢（图2-6）。

### 原料配方

主料：高筋面粉500g，鸡蛋1个，盐5g，温水200g。

馅心原料：猪肉馅500g，盐6g，酱油15g，花椒面4g，味精6g，姜末10g，蚝油15g，香油10g，小香葱120g。

辅料：豆油（用于千层肉饼成熟）。

### 设备工具

炉灶、平底锅、刮板、电子秤、擀面杖、扁匙、油刷、刀、锅铲等。

### 制作流程

调制温水面团 ➡ 松弛 ➡ 分剂 ➡ 松弛 ➡ 调制馅心

装盘 ⬅ 煎制上色 ⬅ 烙制成熟 ⬅ 成形 ⬅

（1）调制皮面　将过筛后的面粉倒在案板上扒窝，加入蛋液和盐搅拌均

重/难点解析

:: 重点

:: 难点

图2-6　千层肉饼

匀，再分次加入温水，将所有原料充分混合均匀，然后揉制成软硬适中的面团，盖上保鲜膜松弛30min。

（2）将松弛好的面团分成每个200g的面剂，整理成方形，盖上保鲜膜，继续放置松弛30min。

（3）调制馅心　将猪肉馅置于盆中，按顺序加入调料进行充分搅拌，投料顺序为：盐→酱油→花椒面→味精→姜末→蚝油→香油。要求加入每一样调料都要搅拌均匀，并且要始终顺着同一个方向搅拌，拌匀后即可使用。

（4）成形　在案板上撒少许干面粉，取一个松弛好的面剂，用平杖将面剂擀成2mm厚的方形面皮，在面皮上下两侧对称、均匀地各切两刀，共切四刀，刀口的长度约为面皮边长的1/3，右侧的皮面留得稍大一些，然后用扁匙在上面均匀地抹上一层肉馅，再撒上一层香葱末，将右侧面皮的边缘留出来，然后依次将面皮从左至右一层层折叠起来，并将饼的边缘捏合封口成方形的生坯，将生坯放置松弛10min，用平杖轻轻地擀成1.5cm厚的方形大饼。

（5）烙制成熟　将电饼铛升温至180℃，锅内淋入少许豆油，放入生坯，表面刷少许豆油，盖上盖子烙至饼两面均呈金黄色、侧面鼓起即为成熟。

### 操作要点

（1）调制的面团要稍微偏软一些，这样才便于操作，同时也会使成品的口感更佳。

（2）制作千层肉饼的馅心中不可打水，否则不易包馅成形。

（3）擀制饼皮时要保证皮的厚度均匀一致，这样成品切开后才美观。

（4）千层肉饼在油烙成熟时要盖上盖子烙制，锅内的油不要加得太多，要适量为好。

### 知识拓展

利用此技法可以变换不同的馅心来制作不同风味的千层饼，如在肉馅中添加茴香、鲜榨菜或荠菜等，使千层肉饼别有一番风味。

学习笔记

重/难点解析

:: 重点

:: 难点

学习笔记

# 项目 3　热水面团制品

## 任务1　　　　　　　　　制作京都锅贴饺

### 产品介绍

　　锅贴是一种汉族小吃，味道鲜美，多以猪肉馅为常品，在包制时一般是皮、馅各占一半，根据季节配以不同新鲜蔬菜；锅贴的形状也各地不同，一般是饺子形状，但天津锅贴类似褡裢火烧。

京都锅贴饺特点：京都锅贴饺是北方的特色饺子，锅贴呈月牙形，其选料严谨，制作精细，成品灌汤流油，底部焦黄酥脆诱人，面皮软韧，馅心口味丰富、鲜美溢口，是京式面点中比较有特色的一道点心（图2-7）。

### 原料配方

主料：高筋面粉300g，盐3g，鸡蛋1个，沸水100g。

馅心原料：猪肉馅300g，盐3g，酱油10g，老汤80g，味精3g，花椒面1g，姜末8g，材料油40g，蚝油5g，葱花10g，冬笋80g，香油10g，韭菜100g。

底浆原料：面粉15g，水100g，豆油10g。

重/难点解析

::重点

::难点

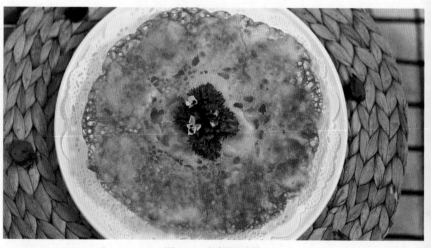

图2-7　京都锅贴饺

辅料：豆油适量（用于京都锅贴饺成熟）。

### 设备工具

炉灶、平底锅、刮板、尖杖、扁匙、锅铲、电子秤、保鲜膜等。

### 制作流程

（1）调制面团　将面粉倒在案板上，加入盐，用刮板将面粉拨成垄沟状，边浇热水边拌面粉，将面粉烫制均匀，摊开至冷却，再加入蛋液与烫面混合，然后揉制成组织均匀的面团，用保鲜膜包好放置松弛1h。

（2）将底浆原料调制均匀待用。

（3）调制馅心　韭菜洗净晾干水分后切碎，拌入少许材料油待用；冬笋切粒待用；猪肉馅置于盆中，依次加入调料搅拌均匀，投料顺序为：盐→酱油→老汤→味精→花椒面→姜末→材料油→蚝油→葱花→冬笋→香油→韭菜，顺一个方向将馅心搅拌均匀即可使用。

（4）成形　将松弛好的面团揪剂，10g/个，用尖杖擀成薄的圆皮，包馅，捏成月牙饺子形状，即为锅贴饺生坯。

（5）烙制成熟　炉灶点火，平底锅升温至180℃左右，锅底淋适量豆油，倒入适量的底浆，加热1min后，将生坯整齐地摆入锅中，然后盖上盖子焖制，待焖煎至饺子底部呈金黄色网状、水分全部蒸发即可打开盖子，使底部朝上扣入盘中即可。

### 操作要点

（1）调制热水面团时一定要将热气散尽后再加入蛋液，揉制成团，以防止成品口感发黏。

（2）擀的饺子皮不可过厚，否则影响口感和美观度。

（3）饺子成形要注意手法，确保每个产品大小一致、形状均一、美观。

（4）烙制成熟的温度和时间要控制好，要使底部的面网均匀才好看。

### 知识拓展

锅贴饺的成品形状和摆盘方式有很多种，可根据不同的需要或者不同的餐具来适当改变饺子的形状和烙制时摆放饺子的造型。

学习笔记

## 任务2　　　　　制作口袋饼

### 产品介绍

　　口袋饼在烙制成熟后饼坯会像气球一样膨胀起来，这种现象是由于饼中心的水分蒸发推挤出气体造成的，将其切开就是天然的口袋，方便放入不同的馅料，别有一番风味。制作口袋饼要用热水面团，热水面团的特点是黏、糯、柔、软而无劲、可塑性好。

　　口袋饼特点：造型美观、馅心独特、皮面口感柔韧、馅料口味鲜香（图2-8）。

### 原料配方

主料：中筋面粉300g，猪油30g，盐2g，80℃热水170g。

馅心原料：土豆丝250g，胡萝卜丝100g，葱花20g，火腿丝50g，生菜50g，黄瓜丝50g，姜末6g，盐6g，味精3g，鸡粉3g，白醋10g。

辅助原料：豆油适量（炒制馅心用）。

### 设备工具

　　炉灶、不粘锅、刀、刮板、钢板尺、擀面杖、面筛等。

### 制作流程

重/难点解析

:: 重点

:: 难点

图2-8　口袋饼

（1）调制热水面团　将面粉过筛到案板上，加2g盐在热水中，用热水迅速烫匀面粉（注意热水要浇匀，边浇水边拌和，搅拌速度要快），加入猪油一同揉匀至面团表面光滑，包上保鲜膜或盖上干净的湿布松弛1h。

（2）调制馅心　炒锅中加入少许豆油烧热，加入葱、姜爆香，加入土豆丝和胡萝卜丝翻炒均匀，炒至八分熟时加入盐、少许味精、鸡粉、白醋翻炒均匀，成熟即可出锅。

（3）制作生坯　将松弛好的面团用擀面杖擀成薄而均匀的长方形面皮，用刀将面皮切成10cm×25cm的长方形面皮。取一个面皮，在中间薄薄地刷上一层豆油，注意不要刷到面皮的侧边缘，饼皮边缘刷水，然后对折面皮将侧边封口按实，再用刮板推出花纹即为生坯。

（4）熟制　电饼铛升温至200℃，生坯放入电饼铛中先干烙，待表面稍上色后翻面，表面刷色拉油，盖上盖子继续烙至饼表面出现芝麻花点并上色、鼓起即熟。

（5）装馅成形　取一个成熟的口袋饼，切开一头呈口袋状，将生菜叶、黄瓜丝、火腿丝、炒土豆丝和胡萝卜丝装入口袋饼中即可食用。

### 操作要点

（1）调制面团加水量要准确，烫面要迅速。

（2）调制热水的面团要稍软，要保证成品饼的柔软度。

（3）饼的皮面要薄，否则影响口感和美观度。

（4）口袋饼生坯成形的关键是，皮面中间抹油，两边抹水，封边，这样做出来的口袋饼既结实又漂亮。

### 知识拓展

　　口袋饼的馅心可以随意更换，如可适当加些肉丝、蟹棒、紫甘蓝丝、甜面酱、香辣酱和沙拉酱等，从而达到调剂口味、增加膳食营养的目的。

学习笔记

重/难点解析

::重点

::难点

# 模块三

# 膨松面团制品实训

## 学习目标

- **知识与技能目标**
  1. 能够熟练掌握膨松面团的定义、分类及其特点
  2. 能够熟练掌握不同膨松面团的膨松原理以及影响因素
  3. 能够熟练掌握不同膨松面团的调制技法

- **过程与能力目标**
  1. 能够根据膨松面团的不同特点生产各具特色的点心
  2. 能够根据制品的特点掌握制作技术关键点
  3. 能够通过学习和训练培养学生开发创新的意识

- **道德、情感与价值观目标**
  1. 培养学生的节约意识和安全卫生习惯
  2. 培养学生的团队意识和大国工匠精神
  3. 培养学生的审美意识和职业素养

学习笔记

# 项目 1　物理膨松面团制品

## 任务1　制作海绵杯子蛋糕

### 产品介绍

在西方，海绵蛋糕是一种具有代表性的西点，备受人们的喜爱。在我国，海绵蛋糕也作为一种四季应时的产品，走进了千家万户。海绵蛋糕是利用蛋白的起泡性，使蛋液充入大量气体，再加入面粉进行烘烤的一类膨松点心。

海绵杯子蛋糕特点：色泽金黄，外形美观、饱满，口感绵软、细腻，口味香甜适口（图3-1）。

重/难点解析

::重点

### 原料配方

低筋面粉90g，细砂糖90g，全蛋液150g，色拉油30g，牛奶25g。

### 设备工具

烤炉、电子秤、不锈钢盆、手持打蛋器、刮刀、纸杯等。

::难点

图3-1　海绵杯子蛋糕

### 制作流程

全蛋液升温 ➡ 高速打发 ➡ 加入低筋面粉拌匀 ⬇ 加入牛奶和色拉油翻拌 ⬅ 灌入纸杯中八分满 ⬅ 烘烤

（1）制作面糊　将全蛋液与细砂糖混合后隔水升温至40～50℃进行高速打发，打至浓稠发白状态，面糊滴落盆中持续2～3s后消失，加入低筋面粉快速拌匀，加入牛奶和色拉油，用刮刀轻轻翻拌均匀，将面糊装入裱花袋中，灌入纸杯中八分满。

（2）烤制成熟　上下火160℃、烤制15～20min，表面起鼓，颜色金黄即可取出装盘。

### 操作要点

（1）全蛋液需要升温至40～50℃才能打发。

（2）加入粉类后的操作手法一定要快，否则易消泡。

（3）加入油和牛奶时，需要用刮刀进行缓冲，以免消泡。

（4）成品出炉后手法要轻。

### 知识拓展

制作海绵蛋糕通常有两种做法：一种是只用蛋清而不用蛋黄的天使蛋糕，颜色洁白无瑕，故起名为天使蛋糕；另一种是用全蛋制作的黄海绵蛋糕，色泽金黄，支撑力较强。因两种做法配方不同，外形与口味也各有不同。

## 任务2　　制作水果蛋糕

### 产品介绍

水果蛋糕是利用戚风蛋糕成形后进行装饰时，添加多种水果，可以调节蛋糕的甜腻口感，使其色彩更加丰富，带给人强烈的视觉和味觉体验。

水果蛋糕特点：色彩缤纷、变化多样、组织细腻均匀、香甜绵软、老幼皆宜（图3-2）。

### 原料配方

蛋糕糊原料：蛋白3个，蛋黄3个，柠檬汁儿滴，细砂糖85g，牛奶64g，植物油64g，低筋面粉85g，玉米淀粉12g，奶油400g，糖粉36g。

装饰原料：应季水果200g。

重/难点解析

:: 重点

:: 难点

图3-2　水果蛋糕

🍘 **设备工具**

烤炉、电子秤、不锈钢盆、手持打蛋器、刮刀、6寸活底模具等。

🍘 **制作流程**

重/难点解析

::重点

| 蛋黄与砂糖打发 ➡ 加入液体 ➡ 加入低筋面粉拌匀 ➡ 打发蛋白 |
| 烘烤 ⬅ 灌入模具八分满 ⬅ 蛋黄糊和蛋白糊混合 |
| 晾凉脱模 ➡ 打发奶油 ➡ 装饰 |

（1）制作蛋黄糊　蛋黄加糖25g打匀，加入植物油和牛奶混合均匀，再加入过筛的粉类搅匀。

（2）制作蛋白糊　蛋白加入柠檬汁打至均匀粗泡状加入20g糖，打至细腻状加入20g糖，打至湿性发泡加入剩余的20g糖，最后打至干性发泡。

::难点

（3）制作戚风蛋糕糊　取1/3的蛋白糊加入到蛋黄糊中混合均匀，再将剩余蛋白糊加入其中混合均匀，将蛋糕糊装入模具中七八分满轻震两下，摆入烤盘上。

（4）烤制成熟　上下火160℃、烤制25～35min，表面上色不黏手即熟，出炉后轻震一下放置冷却。

（5）装饰蛋糕　蛋糕体晾凉脱模，奶油和细砂糖打至八分发，利用应季水果进行装饰。

🍘 **操作要点**

（1）打发蛋白时需打至干性发泡状态。

（2）蛋黄糊与蛋白糊混合时，操作手法要快，采用翻拌法，否则易消泡。

（3）蛋糕糊倒入模具七八分满，不宜过多，否则容易胀开。

（4）入模具后需轻震一下，可震出蛋糕糊中的大气泡。

### 📙 知识拓展

湿性发泡：将打好的蛋白糊提起，尖端会形成下垂的10cm左右的尖锥；中性发泡：蛋白糊尖锥比较直，但仍会形成下垂的2～3cm的尖锥；干性发泡：蛋白糊尖锥变为短小直立状态。

## 任务3　　　　制作拔丝蛋糕

### 📙 产品介绍

蛋糕糊中添加了肉松，使得蛋糕具有浓浓的肉香味，蛋糕撕开后，肉丝清晰可见，拔丝效果明显，口感具有韧性，因此称之为拔丝蛋糕，此产品是市场上比较热销的一款点心。

拔丝蛋糕特点：色泽微黄、丝丝分明、口感既松软又有嚼劲、入口咸香适口（图3-3）。

### 📙 原料配方

蛋白2个，蛋黄2个，柠檬汁几滴，细砂糖40g，肉松50g，盐1g，牛奶40g，植物油20g，低筋面粉50g。

### 📙 设备工具

烤炉、电子秤、不锈钢盆、手持打蛋器、刮刀、纸杯等。

重/难点解析

:: 重点

:: 难点

图3-3　拔丝蛋糕

## 制作流程

| 蛋黄与砂糖打发 → 加入液体搅拌 → 加入低筋面粉、盐、肉松拌匀 |
| --- |
| 烘烤 ← 灌入模具八分满 ← 蛋黄糊和蛋白糊混合 ← 打发蛋白 |

（1）制作蛋黄糊　蛋黄加糖打匀，加入植物油和牛奶混合均匀，再加入过筛的低筋面粉、盐、肉松，搅至无颗粒。

（2）制作蛋白糊　蛋白加入柠檬汁打至均匀粗泡状加入1/3的糖，打至细腻状加入1/3的糖，打至湿性发泡加入剩余的糖，最后打至中性发泡。

（3）制作蛋糕糊　取1/3的蛋白糊加入到蛋黄糊中混合均匀，再将剩余蛋白糊加入其中混合均匀，将蛋糕糊装入纸杯中八分满。

（4）烤制成熟　上下火160℃，烤制25min，表面起鼓、颜色金黄即为成熟。

## 操作要点

（1）蛋白打发需打至中性发泡。

（2）蛋黄糊与蛋白糊混合时要掌握操作手法。

（3）装入纸杯中不可过多，否则烘烤时容易溢出。

## 知识拓展

　　拔丝蛋糕是由台湾兴起的一款古早味蛋糕，"古早"一词在台湾是形容古旧过去味道的意思，闽南一带常用来描述传统食物和习俗。现在对古早味的向往，更多的是对真材实料的向往，这款用料简单、外形普通的点心可以带给人最自然的味道和温暖的回忆。

# 任务4　　　制作淡奶油蛋糕

## 产品介绍

　　淡奶油蛋糕是在蛋黄糊中添加天然的淡奶油，使得这款蛋糕奶香味更加浓郁，此产品对烘烤技法要求比较严格、复杂，相较于其他海绵蛋糕类产品，口感更加细腻绵软，是十分受大众欢迎的一款点心。

淡奶油蛋糕特点：色泽微黄、组织细腻均匀、入口即化、香甜绵软（图3-4）。

## 原料配方

　　蛋白5个，蛋黄5个，柠檬汁几滴，细砂糖60g，淡奶油200g，牛奶50g，低筋面粉90g。

图3-4　淡奶油蛋糕

### 🍥 设备工具

烤炉、电子秤、不锈钢盆、手持打蛋器、刮刀、花垫纸、5寸活底模具等。

### 🍥 制作流程

重/难点解析

∷ 重点

（1）制作蛋黄糊　蛋黄加糖20g打匀，加入淡奶油和牛奶混合均匀，再加入过筛的低粉。

（2）制作蛋白糊　蛋白加入柠檬汁打至均匀粗泡状加入20g糖，打至细腻状加入剩余的20g糖，最后打至湿性发泡。

∷ 难点

（3）制作蛋糕糊　取1/3的蛋白糊加入到蛋黄糊中混合均匀，再将剩余蛋白糊加入其中混合均匀，将面糊装入模具中八分满，轻震两下。

（4）烤制成熟　采用水浴法进行成熟，即烤盘中加入适量温热水，上下火140℃，烤制40min，再升温至150℃烤20min，表面起鼓上色不黏手时关掉烤箱焖制10min即可取出。

（5）蛋糕装饰　蛋糕体晾凉脱模后进行装饰。

### 🍥 操作要点

（1）打发蛋白至湿性发泡即可。

（2）蛋黄糊与蛋白糊混合时要掌握操作手法。

（3）烘烤采用隔水加热方法，使成品更加细腻柔软。

（4）成品可冷藏后食用，会有更加绵软的口感，奶香味道更浓郁。

■ 知识拓展

　　水浴法：将70～100℃的温热水加入容器中，通过水的热量传递，达到加热恒温的目的。水浴法烘烤的蛋糕类组织更加细腻，表面上色均匀，一般芝士蛋糕类运用此技法较多。

## 任务5　　　　　　　　　　制作菠萝泡芙

■ 产品介绍

　　泡芙是一种源自意大利的甜食，在16世纪时传入法国。利用黄油、糖、低筋面粉制作酥脆香甜的酥皮覆盖在柔软的泡芙饼皮上进行烤制，使泡芙更具特色，即为菠萝泡芙。在制作好的菠萝泡芙中加入奶油、巧克力、冰淇淋作为馅心，带给人们丝滑香浓的味觉体验。

菠萝泡芙特点：色泽金黄，表皮酥脆，内馅细腻、柔软，味觉层次丰富（图3-5）。

■ 原料配方

酥皮：白砂糖65g，黄油65g，低筋面粉70g。

泡芙面糊：低筋面粉75g，牛奶62g，水63g，盐1g，细砂糖2g，黄油60g，鸡蛋120g。

装饰奶油：甜奶油200g。

重/难点解析

:: 重点

:: 难点

图3-5　菠萝泡芙

**设备工具**

烤炉、电子秤、不锈钢盆、手持打蛋器、刮刀、油纸等。

**制作流程**

（1）制作酥皮　将白砂糖、黄油、低筋面粉混合均匀，擀成2mm厚的面皮，放入冷冻箱，冻硬后卡出形状备用。

（2）制作面糊　将牛奶、水、盐、糖、黄油放入煮锅中，煮沸后离火，一次性加入过筛后的低粉，快速拌匀后再次开火，用中小火边加热边搅拌，直至锅底出现一层薄膜时关火。将面糊稍加搅拌冷却，分次加入蛋液搅拌，待面糊挑起呈倒三角形时停止搅拌。将搅拌好的面糊装入带有圆形裱花嘴的裱花袋中，在烤盘上间隔一定距离挤出圆形生坯，表面再盖上一块酥皮。

（3）烤制成熟　烤炉预热上下火170℃，烤制20～30min，表面起鼓呈金黄色即为成熟。

（4）注馅　甜奶油打至九分发，将晾凉的泡芙底部戳洞，将打发的甜奶油挤入其中即可。

**操作要点**

（1）黄油与水的混合物要煮沸后将面粉一次性加入。

（2）加入蛋液时，要保证面糊的温度为30～40℃，分次加入蛋液搅拌。

（3）在烤盘上挤生坯时要留有足够的间隙。

（4）成品烤制时不可开炉门观看，防止遇到冷空气回缩。

**知识拓展**

　　泡芙的形状可为圆形，也可为长条形，可大可小，圆形可做泡芙塔，是法国传统的庆祝糕点；长条形泡芙因形状如同闪电，表面可装饰的各种酱闪光透亮，因此得名闪电泡芙。

学习笔记

重/难点解析

:: 重点

:: 难点

学习笔记

# 项目 2 化学膨松面团制品

## 任务1 制作香蕉松糕

### 产品介绍

香蕉松糕是利用化学膨松剂泡打粉、小苏打作为蛋糕膨松的主要动力，配方中的鸡蛋、黄油可以选择打发或者不打发，添加熟透的香蕉后，增加了产品的风味、丰富了蛋糕的口感。

香蕉松糕特点：色泽金黄明亮，外形美观，饱满，口味独特，口感松软（图3-6）。

### 原料配方

熟透香蕉2根，玉米油60g，细砂糖100g，鸡蛋2个，牛奶180g，泡打粉8g，小苏打2g，低筋面粉300g，葡萄干适量。

### 设备工具

烤炉、电子秤、不锈钢盆、手持打蛋器、刮刀、纸杯等。

重/难点解析

:: 重点

:: 难点

图3-6 香蕉松糕

### 制作流程

| 玉米油、砂糖、鸡蛋、牛奶、香蕉泥依次加入拌匀 → 加入粉类拌匀 |
|---|
| 烘烤 ← 表面撒上葡萄干 ← 灌入纸杯中八分满 |

（1）制作蛋糕糊　将香蕉去皮捣碎、粉类过筛混合备用；玉米油、砂糖、鸡蛋、牛奶、香蕉泥分次加入盆中，用打蛋器搅拌均匀；加入粉类翻拌均匀；将拌好的香蕉糊装入裱花袋中，挤入纸杯中八分满，表面放上葡萄干。

（2）烤制成熟　烤炉上下火180℃，烤制20min，烤至表面干爽呈浅金黄色即熟。

### 操作要点

（1）香蕉要选熟透发黑的，这样做出的香蕉松糕才有浓郁的香蕉味道。

（2）油类最好选用玉米油、葵花籽油等色浅无味的油。

（3）加入粉类翻拌时，面糊切忌翻拌过度。

### 知识拓展

这款香蕉松糕也可以用大模具烤制，如使用烤制面包吐司的模具，待烤制成熟后切片摆盘装饰也可以。

## 任务2　制作蜜豆蛋糕

### 产品介绍

蜜豆蛋糕含油量较大，但没有重油蛋糕那么油腻，蛋糕中心比较湿润，主要依靠化学膨松剂产生膨松的组织和松软的口感。

蜜豆蛋糕特点：色泽金黄，外形美观、饱满，口味香浓，口感细腻绵软，具有浓郁的豆香味（图3-7）。

### 原料配方

蜜豆150g，鸡蛋2个，细砂糖100g，牛奶225g，黄油115g，香草精4g，低筋面粉250g，泡打粉12g，小苏打4g。

### 设备工具

烤炉、电子秤、不锈钢盆、手持打蛋器、刮刀、纸杯等。

学习笔记

图3-7　蜜豆蛋糕

### 制作流程

全蛋液、细砂糖、牛奶、液态黄油、香草精依次加入拌匀 ➡ 加入蜜豆、粉类拌匀

烘烤 ⬅ 表面撒上蜜豆 ⬅ 灌入纸杯中八分满 ⬅

重/难点解析

:: 重点

（1）制作蛋糕糊　将全蛋液和糖打至均匀，加入牛奶、融化后的黄油及香草精混合均匀，拌入蜜豆和所有粉料即成蛋糕糊，装入裱花袋挤入纸杯中八分满，表面撒上蜜豆。

（2）烤制成熟　烤炉上下火180℃，烤制20min，烤至表面干爽呈浅金黄色即熟。

### 操作要点

（1）黄油需隔水融化，与其他原料混合时尽量温度一致。

（2）加入粉类不要过度搅拌，否则容易起筋。

（3）注意和面手法，采用切拌法或者抄拌法，混合均匀即可。

:: 难点

（4）烤制过程中不可开炉门，待将要完全成熟时进行鉴别是否成熟。

### 知识拓展

　　香草精是一种从香草中提炼的食用香精，分纯天然香草精与人工香草精两种，常用于糕点类去除蛋腥味或是制作香草口味点心。

### 任务3　　　　制作长白糕

### 产品介绍

　　长白糕也称长远糕、长寿糕、东北老式牛舌饼，是东北地区的传统

图3-8　长白糕

点心。

长白糕特点：色泽洁白、香甜绵软、入口即化、老少皆宜（图3-8）。

### 原料配方

全蛋液200g，绵白糖150g，蛋糕油20g，泡打粉2.5g，低筋面粉250g，吉士粉2.5g，水38g，白砂糖100g。

### 设备工具

烤炉、电子秤、不锈钢盆、手持打蛋器、刮刀、油纸、裱花袋等。

### 制作流程

将全蛋液、绵白糖打匀 → 加入蛋糕油打发 → 加入粉类拌匀 ↓
烤制成熟 ← 撒砂糖装饰 ← 挤注成形 ← 加入水

重/难点解析

:: 重点

（1）制作面糊　将全蛋液、绵白糖打至糖溶化，加入蛋糕油高速打至体积膨胀2～3倍，加入粉类翻拌均匀，加入水混合成全蛋面糊，装入裱花袋，烤盘刷油再筛上干面粉，挤成长条形，表面撒上白砂糖装饰。

:: 难点

（2）烤制成熟　烤炉升温210/220℃，烤制10min，表面鼓起微上色、不黏手、底部上色即熟。

### 操作要点

（1）配方中糖的量较少，表面撒白砂糖可增加甜度。

（2）烤炉上火调低是为了让成品表面不上颜色。

（3）烤盘刷油不能过量，薄薄刷一层即可。

### 知识拓展

长白糕与蛋黄片是我国东北地区20世纪八九十年代的休闲零食。

学习笔记

## 任务4　　　　　制作格子饼

### ▬ 产品介绍

　　格子饼是用配有专用烤盘的烤炉制成，在各大星级酒店的自助餐中经常出现。格子饼的特别之处在于它的格子，脆香的外壳配上富有韧性的面饼，经常搭配奶油和水果进行食用。

　　格子饼特点：色泽金黄，造型美观，口感层次丰富，口味香浓独特（图3-9）。

### ▬ 原料配方

　　面糊原料：中筋面粉30g，低筋面粉110g，鸡蛋110g，牛奶90g，奶粉20g，白砂糖20g，盐1g，泡打粉2g。

　　装饰料：甜奶油、巧克力酱、草莓、蓝莓等各适量。

### ▬ 设备工具

　　格子饼烤炉、电子秤、不锈钢盆、手持打蛋器、刮刀、量杯、裱花袋等。

重/难点解析

::重点

### ▬ 制作流程

| 全蛋液、白砂糖搅匀 | → | 加入牛奶、粉类、盐搅匀 | → | 灌入烤炉模具六七分满 | → | 烘烤 |

（1）制作面糊　全蛋液和白砂糖先搅均匀，依次加入牛奶、奶粉、中筋面粉、低筋面粉、盐、泡打粉，用打蛋器轻轻将面糊搅均匀，装入裱花

::难点

图3-9　格子饼

袋中。

（2）烤制成熟　格子饼烤炉提前预热至180℃，1~2min后，表面刷油，将面糊倒入格子饼烤炉中约六七分满，盖上盖子烤制2~3min，烤至表面金黄色即熟。

（3）装饰　烤制成熟的格子饼需要晾凉装盘，进行装饰。

🍘 操作要点

（1）调制的面糊要混合均匀至无颗粒。

（2）烤制格子饼之前烤盘要刷油，轻刷一层即可，不可过多。

🍘 知识拓展

泡打粉通常按反应速度的快慢或反应温度的高低可分为快速泡打粉、慢速泡打粉和双效泡打粉，如今行业中主要使用的是双效泡打粉。

## 任务5 制作柠檬槽子蛋糕

🍘 产品介绍

槽子蛋糕是北方传统的糕点，历史悠久，深受人们的喜爱。其利用长方形模具进行烘烤，可以进行很好的定型，并且有利于成品的上色。柠檬槽子蛋糕特点：色泽金黄，外形美观、饱满，口味香浓，口感细腻，具有柠檬的清香，减少了蛋糕甜腻的口味（图3-10）。

🍘 原料配方

全蛋液100g，细砂糖45g，牛奶25g，蛋糕油10g，色拉油25g，低筋

图3-10　柠檬槽子蛋糕

面粉75g，柠檬屑1/2个，柠檬汁5g。

### 设备工具

烤炉、电子秤、不锈钢盆、手持打蛋器、刮刀、吐司模具等。

### 制作流程

全蛋液、细砂糖打匀 → 加入蛋糕油打发 → 加入粉类拌匀
烘烤 ← 灌入模具 ← 加入液体和柠檬屑混合均匀

（1）制作蛋糕糊  将全蛋液和细砂糖打至均匀，加入蛋糕油打至体积膨胀2~3倍大，加入过筛的低筋面粉拌匀，加入牛奶、色拉油、柠檬汁、柠檬屑混合均匀即为蛋糕糊。将蛋糕糊装入裱花袋中，灌入模具中八分满，轻震几下。

（2）烤制成熟  烤箱预热至180℃，送入烤箱烤制25min，表面鼓起呈金黄色，牙签插入中心部分无粘黏现象即为成熟，脱模晾凉即可食用。

### 操作要点

（1）全蛋液要保证新鲜，否则不易起泡。

（2）加入蛋糕油后要快速打至完全发泡，以免消泡。

（3）蛋糕糊倒入模具中八分满，不可过多，否则容易溢出。

### 知识拓展

此款槽子蛋糕可以变换多种风味，如添加巧克力或可可粉即为可可味，添加咖啡液即为咖啡味，添加抹茶粉即为抹茶味等。

重/难点解析

:: 重点

:: 难点

# 项目 3　生物膨松面团制品

## 任务1　　　　制作红豆包

### 产品介绍

红豆包的面团属于生物膨松面团，也称为发酵面团，利用酵母吸收面团中的营养物质进行发酵，产生二氧化碳气体，使面团膨松、富有弹性，面团内部呈蜂窝状的组织结构，并赋予红豆包特有的色、香、味、形，提高其营养价值。

红豆包特点：表面色泽棕红、口味香甜、组织柔软、营养丰富（图3-11）。

### 原料配方

主料：高筋面粉500g，绵白糖80g，盐5g，高糖酵母5g，改良剂5g，鸡蛋1个，水250g，黄油55g。

馅心原料：红豆馅，每个20g。

表面装饰：黑芝麻少许。

### 设备工具

烤炉、醒发箱、搅面机、电子秤、刮板、烤盘、小勺等。

重/难点解析

∷重点

∷难点

图3-11　红豆包

### 制作流程

（1）调制面团　将原料中所有干性原料放入搅拌机中，先低速搅拌均匀，依次放入鸡蛋、水，打至成团，再放入黄油低速搅拌，直至黄油与面团完全融合后，转成快速搅拌，面团打至表面光滑，可以抻出薄薄的一层面筋膜，手指放在下面可以看到指纹时即可。

（2）分剂松弛　将打好的面团分割成40g/个的小面团揉圆，松弛20min，让面粉中的蛋白质充分吸收水分形成足够的面筋。

（3）成形　将松弛好的面团拍打排气，包入红豆馅，整理成圆球形放入烤盘中。

（4）醒发　将生坯放入醒发箱，醒发温度36℃，相对湿度80%，醒发40min左右。

（5）烤前装饰　将黑芝麻装饰在生坯中心的位置。

（6）成熟　烤炉升温至200/200℃，放入生坯，先烤制2min，再压上烤盘烤制6min上色即熟。

### 操作要点

（1）打面时酵母不能与盐放在一起，因为盐有抑制酵母发酵的作用。

（2）打面时的温度要控制在26℃左右，可用水温进行调节面温。例如：夏天可用冰水打面，冬天可用温水打面。

（3）包馅时要用力均匀，将红豆馅包在面团中心的位置，收口一定要收紧，避免在最后醒发和烘焙的时候爆馅。

（4）烤炉一定要先预热到指定温度，再放入生坯烤制。

### 知识拓展

自制红豆馅：将红豆洗干净，浸泡3h后煮软煮熟，然后可以根据自己的口味加入白砂糖、淡奶油一起煮至浓稠，倒入方盘中冷却即可。

## 任务2　　制作南瓜牛角包

### 产品介绍

南瓜牛角包是一款颜色诱人、营养丰富的面包。南瓜中含有人体所

图3-12　南瓜牛角包

需的多种氨基酸、维生素及矿物质，可以提高机体免疫功能。

南瓜牛角包特点：色泽金黄、造型美观、口感松软、口味香甜，富含多种营养素（图3-12）。

### 原料配方

主料：高筋面粉300g，盐3g，酵母4g，细砂糖30g，改良剂3g，南瓜泥100g，牛奶70g，淡奶油30g，水50g，黄油20g。

表面装饰：蛋黄液、白芝麻各适量。

### 设备工具

烤炉、醒发箱、搅面机、烤盘、电子秤、刮板、擀面杖等。

### 制作流程

重/难点解析

:: 重点

:: 难点

（1）调制面团　将原料中所有干性原料放入搅面机中，低速搅拌均匀，依次放入南瓜泥、牛奶、淡奶油、水，打至成团，最后放入黄油低速搅拌，直至黄油与面团完全融合后，转成快速搅拌，将面团打至表面光滑。

（2）分剂松弛　将打好的面团分割成40g/个的小面团揉圆，然后搓成水滴的形状，松弛20min。

（3）成形　将松弛好的面团，用擀面杖擀开排气，从上向下卷起，成牛角的形状，放入烤盘中。

学习笔记

（4）醒发　将生坯放入醒发箱，醒发温度38℃，相对湿度75%，醒发30min左右。

（5）烤前装饰　表面刷蛋黄液，装饰适量白芝麻。

（6）成熟　将烤炉升温至180/200℃，放入生坯，烤制13min。

### 操作要点

（1）南瓜泥用之前先过筛。

（2）面团中加入南瓜泥会增加面团的黏稠性，降低面团的筋性，因此面团不需要打出很薄的面筋膜。

（3）成形卷制时不要卷得过紧，防止在醒发和烤制时膨胀开，影响外观造型。

### 知识拓展

南瓜泥的制作：将南瓜洗净去皮，切大块放入蒸锅，蒸熟后放入料理机中打成南瓜泥过筛，会使其更加细腻。

此品种也可以将南瓜泥换为其他蔬果泥来制作，使产品的种类、颜色、风味、营养各具特色，例如：胡萝卜泥、紫薯泥、红心火龙果泥等。

重/难点解析

::重点

::难点

## 任务3　　　　　制作酸奶早餐包

### 产品介绍

酸奶早餐包是一款富有奶香味的营养早餐包，面包中加入酸奶，增加了蛋白质、钙和维生素等营养成分的含量，并使口感和风味都有很大的改善。

酸奶早餐包特点：色泽红润、口感松软、风味独特、营养丰富（图3-13）。

图3-13　酸奶早餐包

学习笔记

🍩 **原料配方**

主料：高筋面粉300g，细砂糖30g，盐2g，高糖酵母4g，改良剂3g，鸡蛋1个，淡奶油30g，原味酸奶100g，黄油20g，葡萄干30g（洗净加入葡萄酒30g浸泡0.5h），水80g左右。

表面装饰：全蛋液、杏仁片各适量。

🍩 **设备工具**

烤炉、醒发箱、搅面机、电子秤、刮板、烤盘等。

🍩 **制作流程**

（1）调制面团　将原料中所有干性原料放入搅拌机中，先低速搅拌均匀，依次放入鸡蛋、淡奶油、原味酸奶、水，打至成团，再放入黄油低速搅拌，直至黄油与面团完全融合后，转成快速搅拌，面团打至表面光滑，并可以抻出薄薄的一层面筋膜。最后加入浸泡好的葡萄干，慢速搅拌1min。

（2）分剂松弛　将打好的面团分割成35g/个的小面团揉圆，松弛20min。

（3）成形　将松弛好的面团拍打排气，进行二次揉圆定型。

（4）醒发　将生坯放入醒发箱，醒发箱温度38℃，相对湿度75%，醒发30min左右。

（5）烤前装饰　表面刷蛋液，装饰适量杏仁片。

（6）成熟　将烤炉升温至180/190℃，放入生坯，烘烤15min上色即熟。

🍩 **操作要点**

（1）要严格按照投料顺序进行面团的调制工艺。

（2）搅打面团的温度控制在26℃左右，可用水温进行调节面温。

（3）葡萄干需要先洗净再加入葡萄酒浸泡半小时，葡萄干和葡萄酒的比例为1：1即可。

🍩 **知识拓展**

牛乳中的蛋白质、乳糖、脂类、维生素等提供了人体生长发育和维持健康的基本营养物质。酸奶是经发酵后制成的一种牛奶制品。酸奶在发酵过程中使奶中20%的糖和蛋白质被分解成为小的分子（如半乳糖和乳酸、小的肽链和氨基酸等）；奶中脂肪含量一般是3%~5%，经发酵后，酸奶中的脂肪酸比牛奶增加2倍；在发酵过程中乳酸菌还可产生人体营养所必需的多种维生素，如维生素$B_1$、维生素$B_2$、维生素$B_6$、维生素

重/难点解析

:: 重点

:: 难点

学习笔记

$B_{12}$ 等，而发酵后产生的乳酸可有效地提高钙、磷在人体中的利用率，这些变化使酸奶更易被消化和吸收，各种营养素的利用率得以提高。

此类面包，可利用各种奶及奶制品来代替酸奶，会制作出多种既营养又美味的面包产品。例如：用适量的奶粉、牛奶、奶油奶酪等来代替酸牛奶。

## 任务4　　　　　制作菠萝包

### ▰ 产品介绍

菠萝包是源自香港的一种甜味面包，因为产品表面金黄、凹凸的脆皮状似菠萝而得名，菠萝包实际上并没有菠萝的成分。

菠萝包特点：色泽成金黄、外皮酥脆、口味香甜、以热食为佳（图3-14）。

### ▰ 原料配方

主料：高筋面粉500g，盐5g，白砂糖100g，奶粉20g，酵母5g，改良剂5g，鸡蛋60g，水250g左右，黄油50g。

菠萝皮：黄油90g，糖粉80g，泡打粉1g，鸡蛋40g，低筋面粉130g。

表面装饰：蛋黄液适量。

### ▰ 设备工具

烤炉、醒发箱、搅面机、烤盘、手持打蛋器、打蛋缸、橡胶刮刀、电子秤、刮板、软毛刷、菠萝印等。

重/难点解析

:: 重点

:: 难点

图3-14　菠萝包

■ 制作流程

（1）制作菠萝皮

① 将黄油打软，加入糖粉打至发白。

② 少量多次加入蛋液，搅拌均匀。

③ 将低筋面粉、泡打粉、奶粉过筛后加入打好的黄油中，搅拌均匀至无颗粒即可。

（2）制作面团

① 调制面团：将原料中所有干性原料放入搅面机中，低速搅拌均匀，依次放入鸡蛋、水，打至成团，最后放入黄油低速搅拌，直至黄油与面团完全融合后，转成快速搅拌，面团打至表面光滑。

② 分剂松弛：将打好的面团分割成50g/个的小面团揉圆，松弛20min。

③ 成形：将松弛好的面团进行二次揉圆，将面团中的气体排出，取20g的菠萝皮均匀包裹住面团2/3处，用菠萝印切出格子纹路。

④ 醒发：将生坯放入醒发箱，醒发温度36℃，相对湿度80%，醒发40min左右。

⑤ 烤前装饰：在生坯表面刷蛋黄液。

⑥ 成熟：烤炉升温至200/180℃，放入烘烤12min呈金黄色即熟。

■ 操作要点

（1）在制作菠萝皮时，要分次加入蛋液，每次加入都要充分搅拌均匀，以免水油分离，影响菠萝皮的松酥度。

（2）用菠萝印切出格子花纹时，不要太深，以免影响成品的美观度。

（3）包菠萝皮要注意手法，因为菠萝皮比较黏手，所以在包制的时候手上要粘一些高筋面粉。

■ 知识拓展

利用包菠萝皮的技法可以制作出很多种特色面包，如甜瓜包、墨西哥包等。菠萝包的口味也可以加以变化，如奶黄菠萝包、椰丝菠萝包及叉烧菠萝包等，别有一番风味。

学习笔记

重/难点解析

∷重点

∷难点

## 任务5　　　　　　制作杂粮枸杞包

### 产品介绍

　　枸杞具有滋补肝肾、益精明目、增强免疫力的功效，杂粮中又含有膳食纤维和多种微量元素，把两种原料加入到面包中除增加和调节面包的风味外，还可大大提高产品的营养价值。

杂粮枸杞包特点：色泽棕红色、香甜松软、造型美观、营养丰富（图3-15）。

### 原料配方

主料：高筋面粉500g，盐8g，红糖40g，酵母5g，改良剂5g，鸡蛋50g，水250g，黄油40g，枸杞50g，朗姆酒5g。

表面装饰：杂粮。

### 设备工具

　　烤炉、醒发箱、搅面机、烤盘、电子秤、刮板、软毛刷等。

### 制作流程

重/难点解析

:: 重点

调制面团 → 分割面团 → 揉圆 → 松弛20min → 排气 → 定型

装盘 ← 烤制 ← 烤前装饰 ← 醒发 ← 入烤盘

（1）调制面团　将原料中所有干性原料放入搅面机中，低速搅拌均匀，依次放入鸡蛋、水，打至成团，最后放入黄油低速搅拌，直至黄油与面团完全融合后，转成快速搅拌，面团打至表面光滑。最后加入泡好的枸

:: 难点

图3-15　杂粮枸杞包

杞，慢速搅拌2～3圈。

（2）分剂松弛　将打好的面团分割成60g/个的小面团揉圆，松弛20min。

（3）成形　将松弛好的面团拍打排气，从上向下挤成橄榄形，摆入烤盘。

（4）醒发　将生坯放入醒发箱，醒发温度36℃，相对湿度80%，醒发40min左右。

（5）烤前装饰　生坯表面刷清水，粘上适量杂粮。

（6）成熟　烤炉升温至180/190℃，放入烤制15min，表面上色即熟。

### 操作要点

（1）打面时所用的水量可根据所用面粉的吸水量进行调节。

（2）打面时酵母不能与盐放在一起，因为盐有抑制酵母发酵的作用。

（3）枸杞需要先洗净再加入朗姆酒浸泡0.5h，枸杞和朗姆酒的比例为10∶1。

### 知识拓展

杂粮的制作：这里装饰所用的杂粮有黑芝麻、白芝麻、南瓜子、燕麦，还可以添加核桃、瓜子、亚麻籽等以丰富口味。

重/难点解析

∷重点

∷难点

学习笔记

———————

项目总结与感悟

思政园地：_____

# 家乡至味——军屯锅魁

　　小麦在人们的手中能转变成无数种口感不同、味道迥异的面食，采用各种高超的技法和丰富的调味品进行完美的搭配，加之炉火纯青的成熟方法，使这种具有强大可塑性的食材发挥到极致，乃至创造出层出不穷的人间美味。

　　四川省彭州市君乐镇传统名小吃军屯锅魁，具有酥而不硬、脆而不碎、口味丰富的特点，是彭州人偏爱的独特口味，已被列入四川省非物质文化遗产扩展项目名录。相传三国时期，蜀汉大将姜维亲自指点将士们烤制胡饼作为行军的干粮，胡饼可以在行军途中以头盔为锅进行烤制，故得名锅盔，后流传到民间后，因谐音被称为"锅魁"。为了保证军屯锅魁制作技艺的传承，君乐镇建立了锅魁学校和锅魁协会，制定了规范的制作工序和用量标准。作为来自民间的美食，军屯锅魁所承载的是民间口耳相传的家乡历史，食客从中品味出的也正是家乡往事，留在唇齿之间的悠长回味。

军屯锅魁

模块四

# 油酥面团制品实训

## 学习目标

- ● 知识与技能目标
  1. 能够熟练掌握油酥面团的定义、成团原理、分类及其特点
  2. 能够熟练掌握油酥面团的起酥原理和影响因素
  3. 能熟练掌握油酥面团的调制技法

- ● 过程与能力目标
  1. 能够利用不同的油酥面团生产各具特色的点心
  2. 能够根据制品的特点熟练掌握操作技术关键点
  3. 能够通过学习和训练培养学生的大国工匠精神

- ● 道德、情感与价值观目标
  1. 培养学生的节约意识和安全卫生习惯
  2. 培养学生的团队意识和沟通能力
  3. 培养学生的审美意识和爱国情怀

学习笔记

# 项目1　浆皮面团制品

## 任务1　制作广式月饼

### 产品介绍

　　广式月饼是广东省地方特色名点之一，选料和制作技艺精巧，图案精致，包装讲究、携带方便，是人们在中秋节送礼的佳品，也是人们在中秋月圆之夜不可缺少的佳品。

广式月饼特点：皮薄、馅多，造型美观，表皮松软，馅心绵软香甜，花纹清晰美观（图4-1）。

### 原料配方

主料：高筋面粉100g，低筋面粉400g，转化糖浆350g，花生油150g，枧水7g。

馅心原料：莲蓉馅。

辅料：蛋黄2个，蛋清半个，盐0.5g（用于表面刷蛋液用）。

### 设备工具

　　烤炉、烤盘、电子秤、刮板、软毛刷、喷壶、筷子、密网、50g的月饼模具等。

重/难点解析

:: 重点

:: 难点

图4-1　广式月饼

### 制作流程

| 调制浆皮面团 → 松弛（1h） → 馅心分剂 → 面坯分剂 → 包馅 |

| 冷却包装 ← 成熟 ← 烤制上色 ← 冷却刷蛋液 ← 烤制 ← 印模成形 |

（1）调制皮面　将过筛后的两种面粉倒在案板上扒窝，倒入糖浆，分次加入花生油，用手顺同一个方向搅拌均匀至糖浆颜色变浅，再加入枧水搅拌均匀至糖浆颜色变得更浅，最后分次加入面粉，利用翻叠法调制成软硬适中的浆皮面团，盖上保鲜膜松弛1h。

（2）馅心分剂　将莲蓉馅分成每个38g。

（3）包馅成形　将松弛好的面团分成12g/个的面剂，左手掌上先粘少许干面粉，取一个面剂，用手轻轻按扁，放在左手掌上，再取一个馅料，放于皮中间，利用拢上法将馅心均匀地包入坯皮中，注意要使皮的厚度均匀，还要保证手上始终都粘有少许干面粉，将其包成圆球状，摆入烤盘内，然后用50g的月饼模具将其印出花形，即为广式月饼的生坯。

（4）烤制成熟　先将烤炉升温至230/200℃，在生坯表面喷一层雾状的清水后送入烤炉进行烤制，烤制大约7min至月饼表面为淡淡的黄色即可取出；在辅料的蛋液中加入盐，用筷子打散，然后用密网过滤出杂质，待烤制的月饼冷却至不烫手时，用软毛刷在月饼表面薄薄地刷两遍蛋液，再入炉烤制8min左右，见月饼表面呈金红色、侧面呈腰鼓状即可取出装盘，或进行包装。

### 操作要点

（1）糖浆与油脂、枧水要充分搅匀后再加入面粉，否则产品表面易出现白点或颜色不均匀。

（2）面团调制好后要盖上保鲜膜松弛1h以上，避免面团在包馅成形时发黏，不易操作。

（3）包馅的手法采用拢上法，并且要保证皮的厚度均匀一致才美观。

（4）月饼在成熟时若烤制时间过长，则成品易爆裂。生坯摆盘不要过密，距离要均匀，否则受热不均匀，成品颜色不统一，并且容易变形。

（5）刚出炉的月饼皮比较硬，需要一段时间返油回软，才可以达到质量标准，因此刚出炉的广式月饼不可以马上食用，需放置3～7d后才可以食用，才会看到月饼红亮的颜色。

### 知识拓展

烤制广式月饼时喷水的目的：①月饼的皮面水分含量非常少，在烘烤时，表面无法形成一层水膜，以维持饼皮烤制初期所必需的湿度，因

学习笔记

此，喷水后会防止月饼爆裂。②为了方便脱模，会在压制月饼的时候在模具内或者面团表面扑粉，在月饼表面喷水，可湿润月饼表面的这些面粉，避免烤出的月饼表面出现白点。③薄薄地喷上一层水，可以减少饼皮在烘烤时的变形程度，维持清晰的花纹。因此，烤之前薄薄喷上一层雾状水的月饼，一般比不喷水的要更美观。不过要注意水不可喷得过多，否则表面太湿反而会让月饼表面的花纹变得模糊。

## 任务2　　　　制作北方提浆月饼

### 〓〓 产品介绍

提浆月饼是北方人比较喜欢的传统点心，其外皮不会很软，和广式月饼讲究"皮薄馅大"截然不同，提浆月饼的皮比较厚，北方月饼以京式的提浆月饼最具代表性。所谓"提浆"，是过去在熬制饼皮糖浆时，需要用蛋白液来提取糖浆中的杂质，提浆月饼便由此得名。其中的五仁馅月饼更是经典中的经典。

北方提浆月饼特点：提浆月饼拥有其独特又朴实的风味，配以老式的馅料，香浓美味越嚼越香；提浆月饼的面皮较硬，回油之后变软而略有嚼劲；重用麻油，口味清甜，口感酥松（图4-2）。

### 〓〓 原料配方

主料：糖浆220g，香油50g，熟豆油50g，臭粉3.5g，鸡蛋1个，低筋面粉440g。

重/难点解析

:: 重点

:: 难点

图4-2　北方提浆月饼

馅心原料：豆沙馅500g，糖渍橙皮碎60g。

表面装饰用的蛋液：蛋清半个，蛋黄2个，盐0.5g。

**设备工具**

烤炉、烤盘、刮板、软毛刷、电子秤、100g的月饼模具等。

**制作流程**

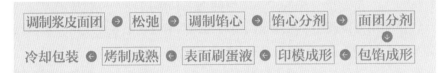

调制浆皮面团 → 松弛 → 调制馅心 → 馅心分剂 → 面团分剂

冷却包装 ← 烤制成熟 ← 表面刷蛋液 ← 印模成形 ← 包馅成形

（1）调制皮面　将过筛后的面粉倒在案板上扒窝，倒入糖浆，分次加入香油和熟豆油，用手顺同一个方向搅匀，再分别加入蛋液和臭粉搅拌均匀至糖浆颜色变浅，最后分次加入面粉，利用翻叠法调制成软硬适中的提浆面团，盖上保鲜膜松弛20min。

（2）调制馅料　糖渍橙皮碎加入到豆沙馅中混匀即为橙皮豆沙馅，分成每个60g的剂子，团成圆球备用。

（3）成形　面团分成每个40g的面剂，取一个面剂用手按扁，利用拢上法将馅心均匀地包入坯皮中，手上粘少许干面粉将其团成圆球状，用100g的月饼模具将其印出花形，即为提浆月饼的生坯，摆入烤盘内。

（4）成熟　烤炉升温至250/200℃，蛋液加入盐打散，在月饼生坯表面均匀刷两遍蛋液，送入烤炉烤制14min左右，见月饼表面呈金黄色、侧面呈腰鼓状即为成熟。

**操作要点**

（1）调制浆皮面团的手法要采用翻叠的方法。

（2）调制好的面团不要松弛过长的时间，否则会产生面筋，影响面团的组织状态。

（3）月饼包馅要采用拢上法，并且保证皮的厚度均匀一致。

（4）要控制好烤制成熟的时间，若烤制时间过长产品容易爆裂。

**知识拓展**

京式提浆月饼所用的馅料是将传统的豆沙馅经过改良之后的馅料，将新鲜的橙子皮切碎用糖腌渍之后可祛除橙皮中的苦涩之味，再掺入豆沙馅中，使传统的豆沙馅增添了橙皮的清香味道。

学习笔记

重/难点解析

:: 重点

:: 难点

学习笔记

**任务3**                      **制作川酥月饼**

### 产品介绍

"川酥月饼"原名"穿酥月饼"，是北方传统的知名点心，以其独特的造型、酥软的口感和纯正的口味而名扬国内外；川酥月饼为浆酥皮，皮面用糖浆调制，可防止因面筋起劲而引起制品收缩变形，从而保证成品的良好质量。

川酥月饼特点：月饼品质酥软、层次分明、花纹清晰、色泽诱人、皮馅均匀、清香、适口（图4-3）。

### 原料配方

浆酥皮面：提浆糖浆188g，小苏打1.5g，泡打粉1.5g，香油50g，色拉油30g，蛋液13g，中筋面粉300g。

干油酥面：低筋面粉100g，黄油55g。

五仁馅心原料：糖40g，蜂蜜25g，香油30g，色拉油60g，糖桂花25g，葡萄干50g，橘丁20g，瓜条25g，青梅25g，熟芝麻50g，烤熟白瓜子仁25g，烤熟瓜子仁25g，烤熟松仁25g，烤熟桃仁30g，烤熟花生仁30g，汾酒20g，熟面90g，白豆沙馅40g。

表面刷的蛋液：全蛋半个，蛋黄2个，盐0.5g。

### 设备工具

烤炉、烤盘、刮板、软毛刷、电子秤、走槌、100g的月饼模具等。

重/难点解析

:: 重点

:: 难点

图4-3　川酥月饼

### 制作流程

（1）调制浆酥皮面团　将中筋面粉倒在案板上扒窝，倒入糖浆、泡打粉和小苏打，用手顺同一个方向搅拌至糖浆起泡，再分次加入香油和色拉油搅匀，然后加入1/3的面粉搅拌大约5min至充分混合均匀，再加入蛋液搅拌均匀，最后分次加入剩余的面粉翻叠均匀并用面粉控制好面团的软硬程度，即成浆酥皮面团，盖上保鲜膜待用。

（2）调制干油酥面团　将低筋面粉与油脂混合，用手掌根均匀地搓擦至面团均匀即可。

（3）成形　大包酥：因为面团偏软且没有筋力，所以案板上面要撒上较多的干面粉，防止粘连，将浆酥皮面置于上面，用走槌擀成四面稍薄、中间稍厚的方形面剂，将干油酥整理成皮面的中间稍厚部分的大小，放在皮面中间，用四个边将其包住，擀成长方形大片，进行一个三折，再擀开，用刀将其切成宽度约为3cm的长条，将2条摞在一起，然后将其用刮板分成40g/个的面剂，用手按扁，利用拢上法将馅心均匀地包入坯皮中，包成圆球状，摆入烤盘内，用100g的月饼模具将其印出花形，即为川酥月饼的生坯，摆入烤盘。

重/难点解析

∷重点

（4）成熟　烤炉升温至260/210℃，用软毛刷在生坯表面均匀地刷两遍蛋液，入炉烤制约12min，见月饼表面呈金黄色、侧面呈腰鼓状即为成熟。

### 操作要点

（1）调制面团时面粉要分次加入，并充分搅拌均匀，使面团具有一定的弹性和可塑性。

（2）大包酥的手法要轻，要使酥层均匀，案板上要多撒些干面粉，避免面团粘在案板上。

∷难点

（3）包馅时要保证皮的厚度均匀一致。

（4）成品因为是酥的，所以要轻拿轻放。

### 知识拓展

　　川酥月饼是北方家喻户晓的传统特色点心，以其酥软的外皮和香而不腻的内馅而流传至今。馅心中的果仁不要擀得太碎，要能吃得到真真实实的果仁才够完美；其中的熟芝麻最好先擀碎之后再加入，使芝麻的香味充分释放出来。

## 项目2 混酥面团制品

### 任务1　　　　　　制作奶酪杏仁酥

#### 产品介绍

奶酪杏仁酥的面团是属于混酥面团，混酥面团的特点是多油脂、多糖，少量鸡蛋，面团较为松散、无层次、缺乏弹性和韧性，但具有良好的可塑性，经烘烤或油炸成熟后，口感酥松。

奶酪杏仁酥特点：色泽金黄、大小均匀一致、口感酥松、香甜可口（图4-4）。

#### 原料配方

主料：奶油奶酪30g，水30g，无水酥油125g，糖粉80g，鸡蛋1个，奶粉25g，吉士粉10g，低筋面粉250g。

表面装饰：蛋黄液、杏仁片各适量。

#### 设备工具

烤炉、电磁炉、烤盘、手持打蛋器、打蛋缸、电子秤、刮板、软刮刀、尺、刀、吸油纸、锅、面粉筛、擀面杖等。

图4-4　奶酪杏仁酥

## 制作流程

```
熔化奶油奶酪 → 调制面团 → 整理成形 → 冷冻定型
装盘 ← 烤制成熟 ← 表面装饰 ← 分剂
```

（1）将奶油奶酪与水一并倒入玻璃碗中，隔水加热至奶油奶酪熔化，冷却备用。

（2）调制面团 将无水酥油放入打蛋缸中，用打蛋器打软后加入糖粉，打至糖粉溶化，分次加入蛋液搅拌至油、糖、蛋充分乳化均匀，再加入冷却后的奶油奶酪溶液，搅拌至颜色变浅发白，最后加入过筛后的粉类，先用软刮刀轻轻搅拌，再用叠压法将面团调制成混酥面团。

（3）成形 将调制好的混酥面团整理成厚0.5cm的长方形厚片，冷冻30min，将其切成3cm×5cm的长方块，表面刷蛋黄液，装饰杏仁片。

（4）将烤炉升温至180/160℃，烤制10min至表面上色不黏手即为熟。

## 操作要点

（1）调制面团时，油、糖、蛋要充分乳化均匀后再加入其他原料，这样调制的面团组织会更加细腻。

（2）调制面团的手法要采用叠压法，避免面团产生筋性。

（3）成形时，要保证生坯的大小厚度一致，使成品颜色均匀一致。

（4）冷冻面团时不要冻得过硬，否则切片时生坯易碎。

## 知识拓展

杏仁中富含蛋白质、脂肪、矿物质和维生素，分为甜杏仁和苦杏仁两类，我们在饼干制作时采用的是甜杏仁，苦杏仁不适合直接食用，因为其中含有的苦杏仁苷，在体内被分解会产生剧毒物质氢氰酸。未经加工的苦杏仁毒性较高，所以在制作奶酪杏仁酥时要注意杏仁的选择。

奶酪杏仁酥也可用其他干果进行制作，例如，花生片、榛子片、腰果片等。

# 任务2 制作环形曲奇

## 产品介绍

环形曲奇是曲奇饼干的一种，调制的面团具有良好的可塑性，采用挤注成形的方法制作。

环形曲奇特点：色泽金黄、口感酥松香甜、形状美观（图4-5）。

学习笔记

重/难点解析

::重点

::难点

图4-5　环形曲奇

### 原料配方

主料：低筋面粉120g，糖粉36g，鸡蛋25g，黄油120g。

### 设备工具

烤炉、烤盘、手持打蛋器、打蛋缸、软刮刀、裱花袋、裱花嘴。

重/难点解析

::重点

### 制作流程

调制面团　➡　挤注成形　➡　烤制成熟　➡　装盘

（1）调制面团　将黄油打软，加入糖粉打至发白，然后分次少量加入蛋液搅匀，最后将低筋面粉过筛到打好的黄油中，用软刮刀搅拌至无颗粒即可。

（2）挤注成形　裱花袋先套上曲奇花嘴，装入准备好的面糊，在烤盘中挤成环形生坯。

（3）成熟　烤炉升温至180/180℃，烘烤12min，烤至底部上色，表面金黄色即熟。

### 操作要点

::难点

（1）黄油打软即可，不可过度打发。如黄油的打发程度越高，则面团的延展性越好，会不易成形。

（2）加入低筋面粉后，不要过度搅拌，防止面粉起筋影响口感。

（3）挤注成形时，要保持大小形状均匀一致。

### 知识拓展

面团的延展性，决定了产品在烤焙过程中的伸展程度：延展性越好的混酥面团，在焙烤的时候越容易舒展膨胀；延展性越差的面团，在焙烤的时候越容易保持其原来的形状。因此，若降低混酥面团的延展性，就可保证饼干的花纹在焙烤的时候不消失。

## 任务3　　　　　制作凤梨酥

### 产品介绍

凤梨酥是台湾的著名小吃，也是台湾第一伴手礼，在大陆也是人们喜欢的一道点心。

凤梨酥特点：色泽金黄、外皮酥松化口、内馅甜而不腻、口味丰富多变（图4-6）。

### 原料配方

主料：黄油50g，糖粉15g，蛋黄1个，奶粉10g，低筋面粉75g，炼乳10g。

馅料：凤梨馅150g。

### 设备工具

烤炉、烤盘、电子秤、软刮刀、凤梨酥模具、手持打蛋器、打蛋缸等。

### 制作流程

重/难点解析

:: 重点

（1）调制面团　将黄油放入打蛋缸中，用手持打蛋器打软，加入糖粉打至发白，再分次加入炼乳，用软刮刀搅拌均匀，最后加入蛋黄搅拌至完全融合，使黄油糊的状态顺滑、细腻，将过筛后的低筋面粉和奶粉加入黄油糊中，搅拌至无颗粒，用保鲜膜包裹面团，冷藏松弛30min。

（2）成形　将松弛好的面团分成25g/个的小面团，包入25g凤梨馅，团

:: 难点

图4-6　凤梨酥

成椭圆形，放进模具中整理好形状。

（3）成熟　将烤炉升温至170/170℃，放入凤梨酥生坯烤制12min后翻面，然后上面压烤盘再烤制7min上色即为成熟。

### 操作要点

（1）黄油要充分软化，否则不容易打发。

（2）面团不能调制时间过长，否则容易产生面筋，影响制品的酥松程度。

（3）刚完成的面糊是比较软、黏手的，还不能包馅，需要放入冰箱冷藏30min，待稍硬后再包馅成形。

### 知识拓展

制作凤梨酥所用的馅心是千变万化的，可加蛋黄、栗子等不同口味；酥皮中也可加入燕麦等食材，使口感多元化，营养更丰富。

## 任务4　　　　　　　　制作甘露酥

### 产品介绍

甘露酥是广东传统的点心，也是在广东早茶中常见的点心之一。

甘露酥特点：色泽金黄、口感酥松、口味香甜丰富（图4-7）。

### 原料配方

主料：黄油110g，糖90g，鸡蛋1个，吉士粉5g，泡打粉4g，中筋面粉250g。

馅料：豆沙馅。

重/难点解析

::重点

::难点

图4-7　甘露酥

表面装饰：蛋黄液、黑芝麻各适量。

学习笔记

### 🔘 设备工具

烤炉、烤盘、电子秤、软刮刀、手持打蛋器、打蛋缸、刮板等。

### 🔘 制作流程

调制面团 ➡ 分剂 ➡ 包馅成形 ➡ 表面装饰 ➡ 烤制成熟 ➡ 装盘

（1）调制面团　先将黄油放入打蛋缸中用打蛋器打软，然后加入糖打至发白，分次加入蛋液，搅拌完全融合，将中筋面粉、吉士粉和泡打粉过筛加入，先用软刮刀轻轻搅拌，再用叠压法将面团调制成混酥面团。

（2）成形　把调制好的混酥面团分割成20g/个的小面团，包入10g豆沙馅，团成圆球形，摆入烤盘中，表面刷蛋黄液，装饰适量的黑芝麻。

（3）成熟　将烤炉升温至220/200℃，烘烤16min，表面呈金黄色并有细小裂纹即熟。

### 🔘 操作要点

（1）混酥面团不能调制时间过长，否则容易产生面筋，影响制品的酥松程度。

（2）油、糖、蛋必须充分乳化，否则会使面团出现发散、浸油、出筋等现象。

重/难点解析

:: 重点

（3）面团软硬要适中：面团过软，则制品不易保持形态，并且软面团易产生面筋；面团过硬，则制品酥松性欠佳。

### 🔘 知识拓展

利用此类面团可以更换不同口味的馅心，从而丰富点心的口味。

:: 难点

## 任务5　　制作苹果肉桂挞

### 🔘 产品介绍

苹果肉桂挞是一款风味独特的特色点心，苹果的酸甜口味，加上肉桂的特殊风味，别具一格。

苹果肉桂挞特点：色泽金黄诱人、外皮酥松可口、内馅香滑细嫩、酸甜适中、风味独特（图4-8）。

### 🔘 原料配方

挞皮：黄油100g，糖粉30g，盐1g，鸡蛋48g，低筋面粉200g。

苹果肉桂馅：苹果丁280g，葡萄干30g，柠檬汁5g，细砂糖40g，黄油20g，肉桂粉1g，朗姆酒2g。

学习笔记

图4-8　苹果肉桂塔

表面装饰：牛奶、糖粉。

### 设备工具

烤炉、电磁炉、手持打蛋器、电子秤、烤盘、活底模具、挞盘平底锅、擀面杖、打蛋缸、吸油纸、软毛刷、软刮刀、刮板、牙签、网筛、刀、尺、碗等。

### 制作流程

调制面团 → 冷冻定型 → 挞皮成形 → 制作网面 → 冷冻网面
　　　　　　　　　　　　　　　　　　　　　　　　　　　　　　↓
装盘 ← 装饰 ← 烤制成熟 ← 表面装饰 ← 装馅成形 ← 制作苹果馅

（1）调制挞皮面团　将黄油放入打蛋缸中打软，加入糖粉打至发白，再加入蛋液搅拌至完全融合，最后将过筛后的低筋面粉加入，加盐用软刮刀搅拌至无颗粒。将面团放在吸油纸中，用擀面杖擀成厚度为0.3cm的挞皮，放入冰箱冷冻5min。

（2）成形　将冷冻好的挞皮放入挞盘中，用手轻轻按压使挞皮与挞盘的底部和内壁完全贴合，然后切掉超出挞盘边缘的挞皮，再整理一下模具中挞皮的形状，用牙签在挞皮底部扎几个气孔，将做好的挞皮放入冰箱冷藏备用。

（3）制作网面　将多余的挞皮擀制成0.3cm的薄片，表面轻轻刷一层牛奶，均匀撒上一层糖粉，放入冰箱冷冻备用。

（4）制作苹果馅　将黄油放入平底锅中，中火加热，黄油开始熔化后加入细砂糖，直至黄油和糖完全熔化，加入苹果丁和葡萄干，炒至苹果丁变软呈金黄色，再加入柠檬汁翻炒均匀关火，加入肉桂粉和朗姆酒，翻

重/难点解析

:: 重点

:: 难点

拌均匀，放入碗中备用。

（5）取出冷冻好的网面，切成宽度为0.5cm的长条备用。

（6）取出冷藏好的挞皮，将做好的苹果馅放到挞皮中铺平，将切好的网面装饰在苹果馅上，固定好两端。

（7）将烤炉升温至180/180℃，放入烘烤25min左右，至底部上色、表面呈金黄色即熟。

（8）最后装饰：在表面筛一层糖粉作为装饰即可。

### 操作要点

（1）调制好的挞皮一定要冷藏松弛，可以预防面团在烘烤时收缩。

（2）在捏挞皮时，动作要轻，挞皮边缘厚度保持一致。如果太薄，脱模具时挞皮容易碎裂。

（3）做好的挞皮底部要扎气孔，在烘烤时气体可以排出，防止挞皮底部鼓起。

（4）在制作苹果馅时，肉桂粉和朗姆酒要在停火后加入，防止酒和肉桂粉在加热时香气挥发，影响口味。

### 知识拓展

　　挞的馅料可以由各式各样的水果、坚果来制作，无论是直接将新鲜水果铺放在已经烤好的挞皮上，再加以调味和装饰，还是将水果事先加入馅料里，再和挞皮一起烘焙，都会将水果特有的鲜甜风味发挥得淋漓尽致。

　　在选用和挞皮一起烘焙的水果时，应选择苹果、梨、杏和黑李等比较硬的水果。

重/难点解析

:: 重点

:: 难点

学习笔记

# 项目 3　层酥面团制品

## 任务1　　　　　　　　制作蛋黄酥

### 产品介绍

　　蛋黄酥，起源于台湾，是台式月饼衍生出来的一道点心，后来流传至广东，经过广东师傅的改良，将原来的猪油改为黄油，使得蛋黄酥风味更加醇厚。蛋黄酥用料讲究、制作精细，口味更是层层叠叠环环相扣，是一道经久不衰的广东名点。

蛋黄酥特点：蛋黄酥成品色泽金黄诱人，层次薄而清晰，皮的厚度均匀、入口酥香，馅心松软、甜香适口（图4-9）。

重/难点解析

:: 重点

### 原料配方

水油皮面：高筋面粉125g，低筋面粉125g，绵白糖45g，雪白乳化油50g，水125g。

干油酥面：熟面粉250g，雪白乳化油75g，黄油75g。

馅心原料：豆沙馅（14g/个），咸蛋黄（约16g/个），白酒少许。

装饰辅料：蛋黄液1个，黑芝麻少许。

:: 难点

图4-9　蛋黄酥

### 设备工具

烤炉、烤盘、刮板、高温纸、软毛刷、喷壶、擀面杖、刀、电子秤、面粉筛等。

### 制作流程

（1）调制水油皮面　将高筋面粉和低筋面粉一并过筛后倒在案板上扒窝，加入绵白糖和雪白乳化油搓均匀，分次加入水抄拌均匀，揉成偏软的、组织均匀的面团，盖上保鲜膜松弛30min。

（2）调制干油酥面　熟面粉加入雪白乳化油和黄油，用手掌根将所有原料搓擦均匀至无干粉，黏结成团即可。

（3）将咸蛋黄摆在铺有高温纸的烤盘内，表面喷少许白酒，可去除蛋腥味，送入上火160℃、下火160℃的烤炉内，烤制大约10min，待咸蛋黄表面渗出少量油脂后取出冷却，将豆沙馅包在咸蛋黄外面，团成圆球备用。

重/难点解析

:: 重点

（4）成形　水油皮面分成14g/个的面剂，干油酥面团分成12g/个的面剂，进行小包酥后盖上保鲜膜，松弛5min；取一个松弛好的面剂，用擀面杖将其擀成圆皮，包入蛋黄馅，封口成圆球状生坯，摆入烤盘，顶部的表面刷一层蛋黄液，撒几粒黑芝麻装饰。

（5）成熟　烤炉升温至220/210℃，将生坯送入烤炉，烤制时间约为20min，待底部稍上色、表皮干爽不黏手、表面呈金黄色即为成熟。

### 操作要点

（1）调制的水油皮面和干油酥面的软硬程度要一致，这样进行开酥层次才会均匀、清晰。

（2）咸蛋黄表面要均匀地喷上一层白酒然后再进行烤制，这样可以去除咸蛋黄的腥味。

:: 难点

（3）咸蛋黄烤制的时间要控制好，若烤制时间过长，则蛋黄会散掉。

（4）生坯表面刷的蛋黄液，一定要刷均匀，烤制出的成品才美观。

### 知识拓展

利用小包酥技法制作的蛋黄酥较为精致，但是操作比较复杂，此品种也可以采用大包酥的技法进行大批量的生产，可节约生产时间，大大提高产量。

学习笔记

另外，包蛋黄酥的馅心也可以更换其他馅心，比如枣蓉馅、莲蓉馅、芋泥馅、麻薯馅等，使得成品口味更加丰富。

## 任务2　　　　制作苏式月饼

### ▰ 产品介绍

苏式月饼是苏氏面点的代表品种，是我国中秋节的传统食品，深受大众喜爱。苏式月饼的馅料各有特色，酥皮层酥相叠，重油而不腻，宋代的诗人苏轼有诗曰："小饼如嚼月，中有酥和怡"。

苏式月饼特点：色泽洁白，皮层层次薄而清晰、酥香可口，馅料甜而不腻，口感丰富（图4-10）。

### ▰ 原料配方

水油皮面：中筋面粉300g，猪油100g，糖25g，水150g。

干油酥面：低筋面粉250g，猪油125g。

馅心原料：五仁馅（每个35g）。

辅助原料：红色食用色素、白酒各少许。

### ▰ 设备工具

烤炉、烤盘、擀面杖、苏式月饼模具、苏式月饼印章等。

重/难点解析

:: 重点

:: 难点

图4-10　苏式月饼

### 制作流程

准备原料 ➡ 调制水油皮面团 ➡ 调制干油酥面团

↓

烤制成熟 ⬅ 盖印章 ⬅ 包馅成形 ⬅ 小包酥

（1）调制水油皮面团　将中筋面粉倒在案板上开窝，放入猪油、糖、水，调制成光滑面团，放置松弛30min。

（2）调制干油酥面团　将低筋粉和猪油混合擦透，成团待用。

（3）小包酥　将水油皮面分成25g/个的剂，干油酥面分成20g/个的剂，干油酥包入水油皮中，用擀面杖擀开成鸭舌状，从上往下卷起成筒状，松弛10min，旋转90°继续擀长，再次卷起，再松弛10min后擀开，进行日字折。

（4）包馅成形　将面剂稍擀薄，包入五仁馅，封口成圆球形，放入撒有干粉的模具中，用手掌按压成形，摆入烤盘，红色素中加入少许白酒搅匀，用印章蘸少许色素，轻轻盖在月饼生坯的中心位置。

（5）烤制成熟　将烤炉升温至140/170℃，烤制30min左右，表面稍鼓起不黏手即为成熟。

### 操作要点

（1）调制的皮面与馅料软硬要保持一致。

（2）包馅时收口要紧，否则容易露馅。

（3）成熟温度上火要低，防止表皮上色。

### 知识拓展

苏式月饼在早期与广式月饼的馅料很相似，多是一些百果、五仁之类的馅料，现在制作较多的是咸口的鲜肉月饼，皮面中的油脂有些地区也根据不同需求更新成了黄油、起酥油甚至是植物油来代替，利用不同的原料生产出的制品各有特色，可根据需要选用。

## 任务3　制作香酥豆沙饼

### 产品介绍

香酥豆沙饼是一款传统的中式美食，馅料红豆沙具有降低三高、解毒抗癌、通便利尿、健美减肥的作用。香酥豆沙饼的制作采用小包酥的工艺，小包酥虽然没有大包酥生产速度快、产量高，但制品更为精细。香酥豆沙饼特点：表皮颜色金黄、皮层酥松、层次均匀、馅心绵软香甜

图4-11 香酥豆沙饼

（图4-11）。

### 原料配方

水油皮面：中筋面粉250g，猪油50g，盐2g，温水160g左右。

干油酥面：低筋面粉150g，猪油80g。

馅心原料：红豆沙馅（每个20g）。

### 设备工具

电饼铛、不锈钢托盘、保鲜膜、电子秤、锅铲、刮板、擀面杖等。

**重/难点解析**

**::重点**

### 制作流程

准备原料 ➡ 调制水油皮面团 ➡ 调制干油酥面团

装盘 ⬅ 烙制成熟 ⬅ 包馅成形 ⬅ 小包酥 ⬅ 松弛

（1）调制水油皮面团　将中筋面粉倒在案板上开窝，放入猪油、盐、适量温水调制成光滑面团，松弛30min。

（2）调制干油酥面团　将低筋面粉与猪油混合擦透，成团待用。

**::难点**

（3）小包酥　水油皮面分剂为18g/个，干油酥面分剂为12g/个，进行小包酥擀开对折，然后旋转90°后继续擀开成椭圆形，从上往下卷起松弛。

（4）包馅成形　将面剂擀成稍厚的圆形，包入豆沙馅，封口成圆球形，用擀面杖轻轻砸成1.5cm厚的圆饼，即为豆沙饼的生坯。

（5）烙制成熟　电饼铛升温至150℃，放入生坯干烙至表面稍上色，侧面呈腰鼓状，表皮层次崩开即熟，装盘。

### 操作要点

（1）包馅时皮的厚度要均匀。

（2）开酥时要用力均匀。

（3）成熟时要采用干烙成熟法，温度不可过高，否则外部颜色过深，内部不熟。

🔲 知识拓展

制作香酥豆沙饼用猪油起酥效果最好，用黄油、植物油也可以，只是起酥效果稍差些。此工艺还可以用来制作绿豆饼、板栗饼、榴莲饼等。

## 任务4　　　　制作老婆饼

🔲 产品介绍

老婆饼是广东潮州地区的特色传统名点，是层酥点心中的暗酥类品种，制作可采用小包酥和大包酥两种技法。

老婆饼特点：外皮色泽金黄、造型美观、酥皮薄如棉纸、层次均匀、口感酥松、内馅甜糯适口（图4-12）。

🔲 原料配方

水油皮面：中筋面粉250g，猪油55g，麦芽糖40g，水140g。

干油酥面：低筋面粉200g，猪油110g。

馅心原料：水270g，绵白糖80g，猪油60g，烤熟白芝麻60g，糖冬瓜40g，三洋糕粉180g。

配料：蛋黄液、白芝麻（或椰蓉）各适量（装饰用）。

🔲 设备工具

烤炉、烤盘、不锈钢托盘、小刀、刮板、炉灶、锅、铁铲、刷子等。

🔲 制作流程

重/难点解析

:: 重点

准备原料 ➡ 调制馅心 ➡ 调制水油皮面团 ➡ 调制干油酥面团

装盘 ⬅ 烙制成熟 ⬅ 装饰 ⬅ 包馅成形 ⬅ 小包酥 ⬅ 松弛

:: 难点

图4-12　老婆饼

学习笔记

（1）调制馅心　将水与绵白糖、猪油、糖冬瓜一起煮沸至糖和猪油融化，加入三洋糕粉和烤熟的白芝麻快速搅拌均匀后离火，搅拌至冷却，放入冰箱冷藏备用。

（2）调制水油皮面团　将中筋面粉倒在案板上开窝，放入猪油、麦芽糖、水抄拌，摔揉成光滑面团，盖上容器松弛30min。

（3）调制干油酥面团　将低筋面粉和猪油用手掌根擦制成团。

（4）小包酥　将水油皮面分剂为18g/个，干油酥面分剂为12g/个，进行小包酥，擀长卷筒2次后松弛15min。

（5）包馅成形　馅心取出分剂20g/个，取一个面剂，用平杖擀成小圆皮，将馅心包入其中，封口成圆球状。然后用平杖擀成圆饼，用小刀在表面划两个平行的小口放气。

（6）装饰　表面刷一层蛋黄液，撒少许白芝麻（或椰蓉）即为老婆饼生坯，摆入烤盘。

（7）烤制成熟　烤炉升温至200/190℃，将生坯送入烤制，注意烤制时不要打开烤炉门，烤制时间大约15min，至起层表面呈金黄色即熟，取出摆入盘中。

### 操作要点

（1）小包酥手法要轻而用力均匀，用刀划口是为了放气，防止成熟时饼会鼓起。

（2）馅心放冰箱冷藏后更容易成形。

（3）烤制时不开炉门的目的是防止成品出炉时塌陷收缩。

（4）老婆饼刚烤出来的时候非常酥脆，密封保存一天之后，外皮吸收馅料的水分，口感就会变得松软。

### 知识拓展

　　制作老婆饼放入麦芽糖的目的是上色、保湿、保软，没有麦芽糖可以放绵白糖。老婆饼的馅心也可以换成豆沙馅、莲蓉馅、黑芝麻馅、绿豆馅等。现在市场上出售的老公饼皮面制法和老婆饼一样，只是馅心换成了咸馅。

重/难点解析

:: 重点

:: 难点

## 任务5　制作牛舌酥

### 产品介绍

　　牛舌酥又称牛舌饼，因其形状似牛舌而得名，是传统的京式点心，深受大众喜爱。

图4-13 牛舌酥

牛舌酥特点：表面色泽自然、芝麻饱满、外皮口感酥松、层次均匀、馅心口味酥香（图4-13）。

💬 原料配方

水油皮面：中筋面粉250g，猪油37g，绵白糖35g，水140g。

干油酥面：低筋面粉250g，猪油150g。

馅心原料（椒盐馅）：熟豆油40g，香油4g，绵白糖65g，水25g，盐3g左右，花椒面2g，熟芝麻35g，熟面粉100g左右。

辅料：白芝麻适量（用于表面装饰）。

💬 设备工具

烤炉、烤盘、电子秤、刀、刮板、保鲜膜、擀面杖、走槌等。

💬 制作流程

重/难点解析

:: 重点

（1）调制层酥面团　先调制水油皮，中筋面粉开窝，放入绵白糖、水、猪油调制成光滑面团，放置松弛30min。再调制干油酥面团，低筋面粉和猪油混合，擦透成团。

（2）调制馅心　将熟面粉倒在案板上开窝，放入熟豆油、香油、绵白糖搅匀，加入水擦至糖溶化，依次加入其他干性原料，用翻叠法将其调制均匀即成馅心，分剂为30g/个。

:: 难点

（3）大包酥　将水油皮面包住干油酥面，擀开折叠一个三折后擀开成长方形薄片，用刀切成三块面剂，分别卷成细筒，然后揪剂为40g/个。

（4）包馅成形　取面剂按扁，包馅封口成圆形，搓成长条形状，用擀面杖稍稍擀扁，表面刷水蘸白芝麻，如此重复做三个生坯，并排摆齐，共同擀成牛舌状，用刀将其拦腰切开成两半，摆入烤盘。

学习笔记

（5）烤制成熟　烤炉升温至200/200℃，入炉烤制20min左右，至表面稍上色不黏手即熟，取出装盘。

### 操作要点

（1）调制的两块面团软硬要一致。

（2）开酥时用力要均匀，否则层次不清晰，不均匀。

（3）馅心口味不可过咸，需要提前尝一下口味。

（4）烤制成熟时要控制好时间，避免颜色过深。

### 知识拓展

　　大包酥的技法是层酥类面团中常用的技法，用此技法可制作出很多种特色点心，如糖酥饼、佛手酥、兰花酥等，根据不同品种的特点和需求，大包酥和小包酥技法有时是可以通用的。

重/难点解析

:: 重点

## 任务6　　　　　　　制作刀拉酥

### 产品介绍

　　刀拉酥是京式面点的传统品种京八件中的一件，是采用大包酥的技法制作完成的，通常以枣泥、青梅、葡萄干、玫瑰、豆沙、白糖、椒盐等八种原料为馅，用层酥面团经包馅、成形、烘烤而成。

刀拉酥特点：色泽洁白、层次薄而清晰、刀口清晰整齐美观、口感酥松绵软、口味纯正香甜（图4-14）。

### 原料配方

水油皮面：中筋面粉250g，雪白乳化油40g，绵白糖15g，水140g。

:: 难点

图4-14　刀拉酥

干油酥面：低筋面粉200g，雪白乳化油100g。

馅心原料：豆沙馅（15g/个）。

### 设备工具

烤炉、烤盘、刮板、高温纸、刀、走槌、擀面杖、电子秤等。

### 制作流程

（1）调制面团　利用抄拌法调制水油皮面团，将其揉制成组织均匀、表面光滑的面团，盖上保鲜膜松弛20min；然后再用搓擦的方法调制干油酥面团，将其搓擦至组织细腻均匀即可。

（2）大包酥　将水油皮面擀成大约30cm×10cm的长方形面皮，再将干油酥面整理成水油皮面的1/2大小，放在水油皮面的一侧，盖上另一半，边缘捏住封口，擀开成规整的长方形大片，叠制一个三折，再继续擀开成规整的长方形大片，卷成筒状，分成每个20g的面剂，盖上保鲜膜防止风干结皮。

（3）开始成形　将面剂擀成圆形皮，包入豆沙馅，封口成圆形生坯，用手掌根按成稍厚的圆饼，厚度约为2cm，再用较为锋利的刀在饼的侧面斜着拉口，让刀口与圆饼的角度约为45°，共拉9刀或者11刀，然后将饼放在案板上，用右手拇指轻轻按住饼的中心位置，稍稍向外按拧一下，使刀口张开即为刀拉酥的生坯，然后摆入烤盘。

（4）烤制成熟　将烤炉升温至185/165℃，送入烤炉，烤制时间约为30min，见其底部稍上色，表面不上色，干爽不黏手即为成熟。

### 操作要点

（1）调制的水油皮面团和干油酥面团软硬程度要一致，这样进行开酥的酥层才会均匀。

（2）在开酥时注意用力要均匀。

（3）用刀拉口成形时，下刀要均匀才美观。

（4）烤制的温度不可过高，否则易上颜色，影响成品的美观性。

### 知识拓展

刀拉酥传统的做法是采用猪油来制作，如今可以使用雪白乳化油来代替猪油，没有了猪油的腥味，同时，雪白乳化油的乳化性和松酥度也比猪油更好，使成品的口味和口感更加纯正。

重/难点解析

:: 重点

:: 难点

学习笔记

## 任务7　　　　　　制作千层酥角

### ▬ 产品介绍

　　千层酥角本是著名的广式点心，这款点心的皮面特点是用皮面包入油脂进行操作，也称之为清酥皮。如今市场上利用此皮面变换不同的特色馅料而一度风靡大江南北，如榴莲酥，至今仍受人们的喜爱。

千层酥角特点：色泽金黄、层次清晰均匀、皮酥松香甜、馅心香浓甜美（图4-15）。

### ▬ 原料配方

水油皮面：中筋面粉500g，鸡蛋2个，黄油70g，绵白糖100g，盐2g，水250g左右。

油心原料：片状酥油300g。

馅心原料：豆沙馅（每个4g）。

辅料：蛋黄液、白芝麻各适量（装饰用）。

### ▬ 设备工具

　　冰箱、烤炉、烤盘、不锈钢托盘、刀、刮板、走槌、圆形卡模、刷子、保鲜膜等。

### ▬ 制作流程

| 准备原料 | → | 调制水油皮面团 | → | 整理油心 | → | 大包酥 | → | 包馅成形 | → | 熟制 | → | 装盘 |

重/难点解析

:: 重点

:: 难点

图4-15　千层酥角

（1）调制水油皮面团 将中筋面粉置于案板上扒窝，加入绵白糖和黄油拌匀，分次加入鸡蛋、盐搅匀，最后加入适量的水调制成均匀的水油面团，整理放入冰箱冷藏松弛30min。

（2）整理油心 用片状酥油自带塑料薄膜将片状酥油包好，用走槌将其砸软并调理成长方形待用。

（3）大包酥 水油皮面包入油心，擀叠两次"日"字折后再擀开至0.3cm厚度，用圆形卡模卡出圆形面剂。

（4）包馅成形 取一圆形面剂，中心按一圆坑，将4g的豆沙馅放入后对折，对折封口处刷少许蛋液黏合，表面刷蛋黄液，撒适量白芝麻装饰，即为千层酥角生坯，摆入烤盘。

（5）烤制成熟 烤炉预热至200/180℃，将千层酥角生坯送入烤炉，烤至表面呈金黄色不黏手即可，取出装盘。

💿 操作要点

（1）片状酥油在开酥前需用走槌先砸软，否则操作时容易断裂。

（2）开酥时用力要均匀，否则层次不均匀。

（3）生坯上刷蛋液时，不要刷剂口处，以免破坏层次。

💿 知识拓展

千层酥角的馅心丰富多样、花色繁多，可以换成不同口味，如各种水果馅、杂粮馅或火腿馅等。利用这种酥皮还可以制作出很多种特色点心，如蛋挞、水果派、蝴蝶酥、咖喱酥等。

## 任务8　　　　制作荷花酥

💿 产品介绍

荷花酥是浙江杭州著名的传统小吃，也是宴席上常用的一种花式象形点心，用油酥面团制成的荷花酥，观之形美动人，食之酥松香甜，别有风味。

荷花酥特点：色泽洁白纯净，酥层清晰均匀，馅心绵软香甜，外观生动形象，是一款味形俱佳的面点产品（图4-16）。

💿 原料配方

水油皮面：高筋面粉500g，绵白糖10g，雪白乳化油40g，水270g。

干油酥面：熟面粉300g，雪白乳化油150g。

馅心原料：莲蓉馅（15g/个）。

装饰原料：蛋清1个，白芝麻、色拉油各适量。

图4-16　荷花酥

### 设备工具

炸炉、冰柜、走槌、刮板、刀、软毛刷、电子秤、吸油餐巾纸、保鲜膜、不锈钢托盘、手勺等。

### 制作流程

重/难点解析

∷重点

调制水油皮面团 ➡ 调制干油酥面团 ➡ 馅心分剂 ➡ 大包酥

装盘 ⬅ 整理成形 ⬅ 炸制成熟 ⬅ 成形 ⬅ 包馅后冷冻

（1）调制水油皮面团　将高筋面粉倒在案板上扒窝，加入绵白糖和雪白乳化油搅拌均匀，分次加入水揉成表面光滑、稍软的水油皮面团，包上保鲜膜松弛30min。

（2）调制干油酥面团　将熟面粉与雪白乳化油混合，用手掌根将其搓擦均匀成团即可。

∷难点

（3）成形　利用大包酥技法进行两个三折之后，擀开成0.6cm厚的大片，用圆形的卡模卡出圆形的面剂，包入一个莲蓉馅，封口成圆球状，封口处蘸少许蛋清，然后再粘一层白芝麻即为生坯。将其送入冰柜内冷冻20min，待生坯稍定型后取出，用锋利的刀从顶部将其自上而下切三刀成六瓣，切至距离底部约为1cm的高度停止。

（4）成熟　炸炉升温至150℃，将生坯放入炸筐中低温炸制，待其花瓣张开、内部的干油酥脱落，形状固定，颜色不变即可取出，放在吸油纸上面吸去多余的油脂，然后摆盘即可。

### 操作要点

（1）调制水油皮和干油酥的软硬程度要一致，开酥时层次才会均匀、清晰。

（2）包酥时封口要严，擀制开酥手法要轻、用力要均匀。

（3）包馅手法采用拢上法，要使皮的厚度均匀，封口要严。

（4）用刀切口要用力均匀，下刀要准，深度要一致，花瓣大小要均匀。

（5）要控制好炸制成熟的温度和时间，不可使其上色。

### 知识拓展

制作荷花酥是利用大包酥的技法进行的，成形的方法是采用剖酥的技法，利用这两种技法还可以开发出很多种象形的精致点心，如花篮酥、海棠酥、莲花酥等。

学习笔记

## 任务9　　制作抹茶酥

### 产品介绍

抹茶酥是在中国四大月饼流派之一的潮式月饼的基础上开发的点心，利用制作潮式月饼的技法，在皮面中掺入了抹茶粉进行制作，使得成品的色泽和口味更加丰富。

抹茶酥特点：色泽如绿茶的颜色、外形饱满美观、层次清晰均匀、入口香酥、风味独特（图4-17）。

### 原料配方

水油皮面：高筋面粉100g，低筋面粉100g，抹茶粉5g，绵白糖20g，雪白乳化油60g，水110g。

干油酥面：低筋面粉140g，雪白乳化油80g。

重/难点解析

:: 重点

:: 难点

图4-17　抹茶酥

学习笔记

重/难点解析

:: 重点

:: 难点

馅心原料：豆沙馅（16g/个）。

### 设备工具

烤炉、烤盘、刮板、刀、擀面杖、电子秤、保鲜膜等。

### 制作流程

（1）调制水油皮面团　将两种面粉与抹茶粉一并过筛后倒在案板上扒窝，加入绵白糖、雪白乳化油，分次加入水搅拌均匀，揉制成表面光滑、偏软的面团，即为水油皮面团，盖上保鲜膜松弛30min。

（2）调制干油酥面团　低筋面粉与雪白乳化油搓擦均匀成团。

（3）成形　先进行小包酥：水油皮面分成28g/个的面剂，干油酥面分成22g/个的面剂，包酥擀卷两次成筒状，最后用刀拦腰将其平均切成等大的两个圆形面剂，酥层为螺旋状，即为两个圆酥坯。取一个圆酥面坯，用擀面杖轻轻砸匀，再擀成边缘稍薄、圆心在中间的圆形面剂，使圆酥层次在外包入馅心，封口成圆球形，使皮的圆心在顶部，即为抹茶酥的生坯，摆入烤盘。

（4）成熟　将烤炉升温至185/165℃，将抹茶酥生坯送入烤炉烤制大约25min，表面起层干爽不黏手即为成熟。

### 操作要点

（1）要保证水油皮面和干油酥面的软硬程度一致。

（2）圆酥皮要保证圆心在中间才美观。

（3）烤制的温度不可过高，否则易上颜色，影响成品的美观度。

### 知识拓展

潮式月饼是广东潮汕地区传统的名点，属酥皮类饼食，是中国四大月饼流派之一，常见的潮式月饼的主要特点是皮酥馅细，油不肥舌，甜不腻口，内馅可分为绿豆、黑豆、紫芋等，有的包有内核，如咸蛋黄或海鲜等。

**任务10** 　　　　　　**制作榴莲酥**

### 产品介绍

　　榴莲酥是用榴莲果肉和皮面经过烤制或炸制成熟的一种甜点，以泰国的最为地道，近些年来由于泰国旅游的兴起，榴莲酥也逐渐被国人接受并深受喜爱，成为广东早茶中常见的一道美食，也是全国各地都在推广的一道点心。

　　榴莲酥特点：色泽金黄诱人，层次清晰分明，制作精细，酥皮松化，馅心独特，香气扑鼻（图4-18）。

### 原料配方

水油皮面：高筋面粉500g，雪白乳化油40g，绵白糖20g，水300g。

干油酥面：雪白乳化油180g，熟面粉300g。

馅心原料：鲜榴莲肉100g，绵白糖20g，速溶吉士粉20g。

辅料：色拉油1000g（成熟用），鸡蛋1个（只用蛋清），白芝麻少许。

### 设备工具

　　电炸锅、冰柜、不锈钢托盘、保鲜膜、刮板、刀、尺、走槌、软毛刷、小平杖、吸油餐巾纸等。

重/难点解析

::重点

### 制作流程

::难点

图4-18　榴莲酥

学习笔记

重/难点解析

∷重点

∷难点

（1）调制水油皮面团　将高筋面粉倒在案板上扒窝，倒入糖、雪白乳化油搓均匀，分次加入水搅拌均匀，利用摔打的方法调制成组织均匀的很软的面团。然后将其整理成厚度均匀的长方形面团，包上保鲜膜，放在托盘中，送入冰柜冷冻至定型。

（2）调制干油酥面团　将雪白乳化油与熟面粉用手掌根均匀地搓擦至面团黏结、组织细腻均匀，整理成规整的小方形，包上保鲜膜，送入冰柜冷冻至定型。

（3）开酥　待两种面团的软硬程度冷冻至一致后，进行开酥。将干油酥面包入水油皮面中，用走槌轻轻擀开成长方形，用刀将左右两侧的边缘切齐，然后折三折；再擀开，再齐边，再三折；最后擀成56cm×46cm的长方形大片，用尺量出7cm的宽度，用刀将其切成长条，共切出8条，将每条表面均匀地刷一层蛋清液，将8条分别摞起来粘住，即为开好的酥皮，包上保鲜膜，送入冰柜冷冻1h至定型。

（4）调制榴莲馅　将鲜榴莲肉中加入糖搅匀，再加入速溶吉士粉搅拌均匀即可使用。

（5）成形　将冷冻定型后的酥皮用刀自上而下45°斜角切出厚度约为1cm的面剂，上面撒少许的干面粉，顺着酥层的方向擀成厚度约为1cm的方形薄片，然后用刀将其切成边长约为10cm的正方形，表面刷一层蛋液，在皮的中心位置放上大约10g的榴莲馅，将皮顺着酥层的方向把馅心包起来成枕头状生坯，将接口处压在下面，两侧用双手拇指按实，再用刀将两侧切整齐，将两头刷蛋液，撒白芝麻，整理一下，即为榴莲酥生坯。

（6）炸制成熟　炸锅的油温升至150℃，将生坯放入炸制，待稍稍变色、层次变得清晰，即可取出摆盘。

### 操作要点

（1）待冷冻的水油皮面团和干油酥面团硬度一致时，才可以进行开酥。

（2）开酥的手法要轻，用力要均匀，要使酥层均匀、酥皮的形状规整。

（3）榴莲酥成形时要看好酥层的方向进行包馅。

（4）炸制时要控制好火候，才能使酥层更清晰。

### 知识拓展

　　制作榴莲酥的皮面通常有两种：一种是清酥皮，多为烤制成熟；一种是明酥皮，多为炸制成熟。以上就是利用明酥皮来制作的，采用明酥皮制作榴莲酥的技术难度相对较大，制作更为精细，而成品更加美观，口味口感更佳。

# 模块五

## 米及米粉面团制品实训

**学习目标**

- **知识与技能目标**

  1. 能够熟练掌握米及米粉面团的分类及其特点

  2. 能够熟练掌握米及米粉面团的成团原理和影响因素

  3. 能够熟练掌握米及米粉面团的调制技法

- **过程与能力目标**

  1. 能够利用不同的米及米粉面团生产各具特色的点心

  2. 能够根据制品的特点熟练掌握操作技术关键点

  3. 能够通过学习和训练培养学生开发创新的意识

- **道德、情感与价值观目标**

  1. 培养学生的安全卫生习惯和吃苦耐劳精神

  2. 培养学生的团队意识和大国工匠精神

  3. 培养学生的审美意识和职业素养

# 项目 1 米类面团制品

## 任务1　　制作糯米烧卖

### 产品介绍

糯米烧卖属于江浙沪地区的一款名小吃，是以蒸好的糯米饭加入干虾仁、香菇丁、胡萝卜丁、笋丁和葱花等辅料调成馅心，用面粉制成皮面，包入糯米馅心蒸制而成，经常出现在早餐、早茶的餐桌上，是一款深受大众喜爱的特色小吃。

糯米烧卖特点：皮薄馅多、软糯咸香（图5-1）。

### 原料配方

皮面原料：中筋面粉220g，糯米粉30g，盐3g，温水110g，猪油15g。

馅心原料：糯米200g，五花肉丁60g，香菇丁50g，胡萝卜丁20g、干虾仁40g，香葱20g，盐2g，味素3g，糖6g，生抽10g，老抽10g。

配料：色拉油、青豆各适量。

### 设备工具

蒸锅、不锈钢托盘、蒸屉、铲子、扁匙、不粘锅、尖杖等。

图5-1　糯米烧卖

## ▬ 制作流程

（1）将糯米淘洗干净，浸泡1h，倒入不锈钢托盘，加水至与米平齐，蒸制30min，取出打散备用。

（2）调制馅心　不粘锅烧热，倒入色拉油，放入干虾仁、五花肉丁，炒香之后加入香菇丁、胡萝卜丁翻炒均匀，最后加入盐、味素、糖、生抽和老抽翻炒均匀即可，将炒好的辅料倒入蒸好的糯米饭中，再加入小葱花一起拌匀，即为糯米烧卖的馅心。

（3）调制皮面　中筋面粉与糯米粉一起混合过筛，加入盐拌匀，扒出面窝，加入水和猪油调制成光滑的面团，松弛10min。

（4）成形　将松弛好的面团分剂为13g/个，擀成圆皮，包入糯米馅，整理成圆底细腰顶部露馅的造型，在表面放一颗青豆作为装饰，即为糯米烧卖生坯。

（5）成熟　在蒸屉表面刷一层色拉油，将糯米烧卖生坯摆入蒸屉，放入蒸锅蒸制10min取出装盘即可。

## ▬ 操作要点

（1）蒸制糯米时水要适量，不可使糯米饭过黏或过硬，以保证成品的美观度。

（2）蒸好的糯米饭要打散，拌馅时要拌均匀。

（3）擀制皮面要中间稍厚，边缘稍薄，更利于包制成形。

（4）蒸制烧卖时，时间不可过长，否则容易塌陷变形，影响成品美观。

## ▬ 知识拓展

烧卖，也称捎卖。据说烧卖是由包子衍生而来，名字取捎带着卖之意。因南北方饮食文化的巨大差异，各地区烧卖品类也不尽相同。除江浙一带的糯米烧卖，还有长沙的菊花烧卖，安徽的鸭油烧卖，杭州的牛肉烧卖，苏州的三鲜烧卖，江西的蛋肉烧卖和广东的鲜虾烧卖。无论是哪种烧卖，都深受当地人的喜爱，无论哪种烧卖都饱含着人们对饮食和生活的无限创造力和深深的热爱。

学习笔记

## 任务2　　　　制作八宝饭

### 产品介绍

　　八宝饭是汉族传统名点，是用八种以上的果脯和干果点缀于糯米之中，合碗蒸制而成。这种甜味食品，多用于喜庆宴会和婚宴，一是烘托气氛，二是寓有"甜甜蜜蜜"之意。

八宝饭特点：成品形态美观、色彩缤纷、晶莹剔透、甜糯适口（图5-2）。

### 原料配方

主料：糯米250g，红枣40g，蔓越莓干30g，猕猴桃干40g，京糕丁30g，葡萄干30g，菠萝干30g，豆沙馅100g，核桃仁30g，莲子60g，绵白糖35g。

表面芡汁：玉米淀粉20g，玉米糖浆20g，冷水110g。

配料：色拉油适量。

### 设备工具

　　蒸锅、不锈钢小盆、蒸屉、不粘锅、铲子、软毛刷等。

### 制作流程

浸泡糯米 → 成形 → 蒸制成熟 → 淋芡汁 → 装盘

（1）将糯米淘洗干净，浸泡1h，沥干水分备用；将准备好的果脯切成小丁备用。

（2）准备一个圆底不锈钢小盆，在内壁刷一层色拉油，取适量果脯及干果铺摆在内壁上，将剩余的果脯与糯米混合均匀，取一半倒入，将豆沙

重/难点解析

:: 重点

:: 难点

图5-2　八宝饭

馅整理成大小与小盆直径相同、薄厚均匀的圆饼放入其中，再将剩余的糯米放入铺平，将绵白糖铺在上面，加入冷水至与米平齐的位置，放入蒸锅，蒸制1h。

（3）熬制芡汁　将冷水与玉米淀粉搅拌均匀倒入不粘锅中烧开，加入玉米糖浆熬至浓稠透明备用。

（4）将蒸好的八宝饭取出，在小盆上面盖一个盘子，将小盆倒扣在盘子上取下，八宝饭就扣在了盘子上，然后在表面淋一层煮好的芡汁即可。

### 操作要点

（1）糯米需要提前浸泡，否则不易成熟。

（2）小盆或者小碗内壁一定要刷油，也可以抹固态的油脂，方便八宝饭脱模。

（3）倒扣八宝饭要稳，防止变形影响美观。

（4）熬制的芡汁不要太黏稠，以保证淋到八宝饭上的光亮度。

### 知识拓展

　　民间认为八宝饭来源于古代的八宝图，早期的八宝饭是将蒸熟的糯米饭拌上糖和猪油，放点莲子、红枣、金橘脯、桂圆肉、蜜樱桃、蜜冬瓜、薏仁米、瓜子等果料，撒上红、绿梅丝做成。很多地方都有具有地方特色的八宝饭，做法相似但原料有所变化，其中所用的果脯和干果都不是固定的，并且八宝饭中的绵白糖，也可以换成红糖，也别有一番风味。

# 项目 2 米粉面团制品

## 任务1　　　　　　制作雪媚娘

### 产品介绍

雪媚娘细白软糯，内馅是奶香怡人的淡奶油，裹着好吃的水果粒，酸酸甜甜，口感丰富，咬一口就能享受到它的清甜软滑。

雪媚娘特点：细白软糯、外形美观、变化多样、口味丰富、口感弹性十足（图5-3）。

### 原料配方

主料：水磨糯米粉100g，玉米淀粉30g，牛奶180g，糖粉30g，黄油10g。

馅心原料：打发甜奶油、鲜芒果丁、鲜草莓丁各适量。

辅料：炒熟（或微波炉打熟）糯米粉适量（用作手粉）。

### 设备工具

蒸锅、玻璃碗、橡皮刮刀、刮板、平杖、一次性手套、纸托等。

### 制作流程

图5-3　雪媚娘

（1）煮牛奶　将糖粉倒入牛奶中加热至糖粉溶化关火冷却。

（2）调制米粉面浆　将糯米粉和玉米淀粉混合均匀过筛，倒入牛奶中，搅拌均匀成粉浆，静置20min使粉料与水充分融合，然后用密网过滤至碗中。

（3）制皮　蒸锅烧开水，将粉浆碗放入蒸锅，旺火蒸制15～20min后取出，趁热加入黄油（也可用无色无味的其他油脂代替）搅拌均匀，戴上一次性手套将面团揉匀，包上保鲜膜放入冰箱冷藏10min。案板上用熟糯米粉做手粉，将冷藏后的面团取出，带上一次性手套，将其搓条，切剂为每个25g，用平杖擀成薄薄的圆皮，即为雪媚娘的皮。

（4）成形　将擀好的圆皮放在手中，在带圆嘴的裱花袋中装入打发的甜奶油，在皮的底部中心位置挤入少许甜奶油，放入适量鲜芒果丁、鲜草莓丁，上面再挤入少许甜奶油，将面皮拢起封口，使其成圆球状，封口朝下摆入小纸碗中。

（5）冷藏　做好的雪媚娘送入冰箱冷藏40min后取出装盘即可。

**操作要点**

（1）米粉浆用密网过滤的目的是使成品口感更加细腻、爽滑。

（2）擀皮时避免黏手，可适当多放些熟糯米粉做手粉。

（3）皮面要尽量擀得薄些，这样成品会更加美观。

（4）馅心中的水果，尽量选用草莓、芒果、火龙果、香蕉、榴莲等软质水果，可与奶油和软薄的面皮相配。

**知识拓展**

雪媚娘的口味丰富多样，除了用传统的甜奶油，还可用芝士、巧克力酱、酸奶慕斯等，也可自制卡仕达酱包，与之搭配的水果有榴莲、芒果、红心火龙果、草莓、猕猴桃等许多种，使产品的口味变化多端、极为丰富。

**任务2**  **制作麻团**

**产品介绍**

麻团是四川面点中一道经久不衰的传统品种，是到川菜馆必点的一道特色点心，也是百姓街边早餐店经常能买到的一道特色小吃，深受全国各地百姓的喜爱。刚炸好的麻团口感是最好吃的，放凉之后外皮会变得软一点，没有酥脆的感觉，更加黏软一些。所以吃麻团的时候一定要趁热吃，香香糯糯特别有嚼劲。

学习笔记

重/难点解析

:: 重点

:: 难点

图5-4　麻团

麻团特点：浑圆饱满、外酥里糯，里面是黏糯的口感，外皮被炸得很脆，表面粘有芝麻，吃起来满口飘香（图5-4）。

🌕 原料配方

主料：水磨糯米粉200g，绵白糖50g，泡打粉4g，冷水140g。

馅心原料：玫瑰豆沙馅（每个15g）。

辅助原料：白芝麻100g，色拉油1000g。

🌕 设备工具

　炉灶、炸锅、电子秤、刮板、筷子、保鲜膜、漏勺、手勺等。

🌕 制作流程

准备原料 ➡ 调制米粉面团 ➡ 松弛 ➡ 分剂

装盘 ⬅ 炸制成熟 ⬅ 滚粘芝麻 ⬅ 包馅成形

（1）将糯米粉倒入盆中，加入泡打粉和绵白糖，搅拌均匀，分次加入水，将其调制成软硬适中的米粉面团，盖上保鲜膜松弛1h。

（2）将松弛好的米粉面团分成每个45g的面剂，按扁，包入馅心，在包馅时要注意手法：要使皮的厚度均匀、馅心在皮的中心位置，否则炸制成熟时成品会变形。然后将其表面蘸少许冷水，用双手迅速团圆，使水均匀地分布在其表面，再粘满白芝麻，继续团圆，使白芝麻粘得更牢固，即为麻团的生坯。

（3）油温升至180℃左右，将麻团生坯放入锅中炸制，在炸制过程中要不停地翻滚生坯，并且在炸制初期要轻轻地按压生坯，以使其膨胀得更大。待其炸至体积膨大、表皮变薄、呈金黄色即为成熟。

### 操作要点

（1）调制米粉面团时要控制好粉团的软硬程度，要放置松弛给面团一个吸收水分的时间。

（2）包馅成形时要使皮的厚度均匀。

（3）滚粘白芝麻时要粘得均匀并且牢固，否则炸制成熟时芝麻易脱落。

（4）炸制成熟翻动麻团的技法很关键，要轻轻地不停地翻滚，还要不停地淋油，以使麻团受热均匀，成品才会圆滚。

### 知识拓展

麻团可大可小，可根据用餐需要制作更大的作品，也可根据口味的需要更换不同的馅心。

重/难点解析

:: 重点

:: 难点

## 模块六

# 杂粮面团制品实训

**学习目标**

● 知识与技能目标

1. 能够熟练掌握杂粮面团的分类及其特点

2. 能够熟练掌握不同杂粮面团的调制技法

3. 能够熟练掌握不同杂粮的营养特点和用量

● 过程与能力目标

1. 能够合理选择不同特点的杂粮来制作不同特色的点心

2. 能够根据制品的特点掌握制作过程的技术关键点

3. 能够通过学习和训练培养学生开发创新的意识

● 道德、情感与价值观目标

1. 培养学生的安全卫生习惯和精益求精意识

2. 培养学生的团队意识和爱国情怀

3. 培养学生的审美意识和职业素养

学习笔记

## 项目 1　谷类杂粮面团制品

### 任务1　　　　　制作荞面蒸饺

#### 产品介绍

荞面蒸饺，是在传统白面蒸饺的基础上，在面粉中加入荞麦粉，由荞面皮制作而成的一款杂粮类主食，皮薄馅大，咸鲜可口。

荞面蒸饺特点：皮面薄而筋道，馅心鲜嫩多汁，褶密而均匀，造型精致美观（图6-1）。

#### 原料配方

皮面原料：荞麦粉50g，中筋面粉150g，糯米粉20g，盐2g，猪油10g，温水110g。

馅心原料：猪肉馅250g，盐2g，水110g，鸡精5g，味素5g，东古酱油12g，花椒面1g，葱花30g，姜末10g，色拉油25g，葱油15g。

#### 设备工具

电子秤、面筛、刮板、平杖、蒸笼、蒸锅、扁匙等。

重/难点解析

::重点

::难点

图6-1　荞面蒸饺

### 📃 制作流程

（1）调制面团　中筋面粉、荞麦粉和糯米粉一起混合过筛，依次加入盐、猪油和水调制成光滑的面团，松弛15min。

（2）调制馅心　按照以下的投料顺序顺一个方向搅拌调制成馅心：猪肉馅→盐→水（分次加入）→鸡精、味素、花椒面→东古酱油→葱花、姜末→色拉油→葱油。

（3）成形　将松弛好的面团分剂为13g/个，利用平杖将面剂擀成圆皮，包入馅心，捏制成弯梳形，摆入蒸笼，即为荞面蒸饺生坯。

（4）成熟　将生坯旺火蒸制10min即熟，取出摆盘即可。

### 📃 操作要点

（1）中筋面粉、荞麦粉和糯米粉要一起混合过筛，以保证面团的组织细腻均匀。

（2）调制馅心时要顺一个方向搅拌，可以使肉馅上劲。

（3）擀制的皮面要稍薄，否则不易成熟并且会影响口感。

### 📃 知识拓展

荞麦是重要的药食两用的谷类食物，其富含蛋白质、维生素、矿物质以及多种生物活性物质，不仅具有粮谷类食物的基本营养功能，且具有抗氧化、降血压、降低毛细血管脆性、降低血胆固醇、抑制乳腺癌、预防高血糖、改善微循环、提高人体免疫力和减肥等方面的药理作用，具有较好的营养保健作用。荞面磨成粉掺入面粉中可制作出很多种营养点心，但由于其颜色较暗，为了成品的美观度，会按照一定的比例与面粉混合进行生产和开发。

## 任务2　　　制作栗子面窝头

### 📃 产品介绍

窝头源于清乾隆年间，属于北京传统特色小点心，本是过去北京穷苦人的主要食品，一般是用玉米面或杂合面做成的，外形是上小下大中间空，呈圆锥状，大个儿的有250g重。据说后来传到皇宫，御厨对窝头进行了改良，把当时非常昂贵的栗子磨成粉加入其中，个头也缩小很

学习笔记

重/难点解析

:: 重点

:: 难点

学习笔记

图6-2　栗子面窝头

多，做成了点心，就有了现在的栗子面窝头。

栗子面窝头特点：形似宝塔、糯香可口，具有滋补益气、活血化瘀、防癌等功效（图6-2）。

重/难点解析

:: 重点

💬 **原料配方**

主料：中筋面粉120g，泡打粉2g，细玉米面60g，板栗粉60g，熟豆面40g，绵白糖35g，酵母4g，温水130g，猪油10g。

配料：色拉油适量。

💬 **设备工具**

蒸锅、醒发箱、不锈钢蒸盘、软毛刷、马兜、电子秤、刮板等。

💬 **制作流程**

:: 难点

（1）调制面团　将中筋面粉、泡打粉一起混合过筛，加入细玉米面、板栗粉和熟豆粉拌匀，扒出面窝，放入绵白糖和酵母，加入温水、猪油搅拌调成面团，将面团揉出光面后松弛10min。

（2）成形　松弛好的面团分剂为40g/个，揉圆后松弛5min；手掌表面沾少许冷水，将面团捏成形，即为栗子面窝头生坯；蒸屉表面刷色拉油，将生坯摆入蒸屉，送入醒发箱，醒发箱温度38℃、相对湿度45%，醒发15min。

（3）成熟　将醒发好的窝头送入蒸锅，蒸制10min即熟，取出装盘即可。

▨ **操作要点**

（1）选用细糯玉米面最好，这样做出的窝头软糯细腻，口感最佳，调制面团时可以先将玉米面烫熟后掺入面粉中。

（2）豆面要烤熟或是炒熟之后加入，可去除豆腥味。

（3）调制的面团不能太软，以免成品塌陷变形。

（4）在制作成形时，手上可沾少许冷水，这样更利于成形。

▨ **知识拓展**

板栗粉有生熟两种和粗细两个类型。

（1）生板栗粉　就是在板栗去壳后加工生产而成的，但是一般在包装出售前会进行烘干处理，主要是食品厂、糕点作坊使用。

（2）熟板栗粉　粗的是把板栗煮熟后烘干打细即可；细的则是采用烘干法处理。

（3）粗板栗粉　粒度为10~100目，用手揉捏有颗粒感，适用于各类食品的馅料，如月饼馅等。

（4）细板栗粉　粒度在150目以上，手感细滑，吃起来细腻香甜，主要用于食品的配料。

在生活中，板栗馅月饼等一般都是用粗板栗粉；而细的则是加工成饼、派等食品，也有做特定菜时用来替代普通淀粉的，可以根据不同的用途选择不同的类别。

重/难点解析

:: 重点

:: 难点

学习笔记

# 项目2　豆类杂粮面团制品

## 任务1　　　　　　制作绿豆糕

### 产品介绍

　　绿豆糕是传统特色糕点之一，我国古代先民为寻求平安健康，端午节时会有食用粽子、绿豆糕、雄黄酒的传统，绿豆糕以煮熟的绿豆为主料，加入油脂和绵白糖进行调味，一般是利用模具成形，使得成品外观整齐，同时绿豆糕还具有清热解毒、祛暑止渴、利水消肿等功效，是一道传统的初夏食品。

绿豆糕特点：色泽浅黄、组织细密、口感绵润、造型美观、清香绵软不黏牙（图6-3）。

### 原料配方

　　去皮绿豆300g，安佳黄油30g，细砂糖100g，麦芽糖20g，淀粉10g。

### 设备工具

　　蒸箱、平底锅、铲子、刮板、电子秤、不锈钢方盘、绿豆糕模具、一次性手套（食品专用）等。

重/难点解析

::重点

::难点

图6-3　绿豆糕

### 制作流程

（1）去皮绿豆用温水浸泡2h至绿豆能用手碾碎，沥干水分，放入托盘中蒸制40min，至绿豆软烂取出，趁热用铲子碾成绿豆泥，过筛成细腻的绿豆沙备用。

（2）成熟 平底锅烧热，放入黄油润锅，依次加入绿豆沙、细砂糖、麦芽糖翻炒均匀，加入淀粉炒至细腻无干粉、成团不黏手的状态即可出锅。

（3）成形 将炒好的绿豆沙放凉，分剂为50g/个，用模具按出花形装盘即可。

### 操作要点

（1）浸泡绿豆不能时间太长，否则绿豆容易发芽。

（2）绿豆要蒸至软烂，否则过筛时不易操作。

（3）炒制时间不可过长，否则绿豆沙容易炒干，影响口感。

（4）待炒好的绿豆沙凉透之后再进行卡模成形，如此更容易脱模，不会变形。

重/难点解析

∷重点

### 知识拓展

　　绿豆糕属于药食同源的一款消暑点心，在原始口味的基础上，还可以直接在炒好的绿豆沙中加入抹茶粉、可可粉以及蔓越莓干、葡萄干等；还可以用炒好的绿豆沙包入馅心，例如芋泥馅、奶黄馅及流沙馅等，来丰富它的风味和口感。

∷难点

## 任务2　　　　制作芸豆卷

### 产品介绍

　　古语有"芸豆成卷，色如雪，虏人心"之说，讲的就是芸豆卷的特点。芸豆卷是老北京的一种特色传统名点，原是北京地区汉族的传统小点心，主要是利用芸豆沙制皮包馅而成，虽制作工序简单，但味道极佳，后流入宫廷，深受慈禧太后喜爱，从而成为一道宫廷御点。

芸豆卷特点：色泽雪白，馅料香甜爽口，口感冰凉起沙，入口即化，是一道味形俱佳的冷点小吃（图6-4）。

学习笔记

图6-4　芸豆卷

### 原料配方

主料：白芸豆500g，细砂糖100g。

馅心原料：红豆馅150g。

重/难点解析

::重点

### 设备工具

蒸箱、不锈钢托盘、刮板、平杖、滤网筛、吸油纸、锋利的菜刀等。

### 制作流程

::难点

（1）制作芸豆沙　将白芸豆用热水浸泡1h，去皮后放入锅中，煮熟至能掐断的状态捞出，放入蒸屉蒸制40min至软烂，过筛成芸豆沙，然后加入细砂糖，再用手将芸豆沙揉搓一遍，包入油纸中，整理成15cm×25cm的长方形薄片。

（2）调制馅心　将红豆馅用油纸包上，擀制成与芸豆沙皮大小相同的长方形薄片。

（3）成形　将芸豆沙皮放在油纸上，再把红豆馅放在芸豆沙上面，由上下两端同时向内卷成筒，切块装盘即可。

### 操作要点

（1）白芸豆要用热水泡透再去皮，否则不利于操作，皮去不净。

（2）白芸豆一定要蒸至软烂，否则不易捣碎过筛。

（3）蒸制时控制好水分，水分太大或者太干，都不利于芸豆卷的成形。

（4）切块时刀要锋利，否则切出来的芸豆卷容易变形，影响美观。

### ◼ 知识拓展

　　芸豆卷的馅心可以是千变万化的，除了白糖芝麻馅和红豆馅，还可以换成莲蓉馅、枣蓉馅、京糕条和什锦馅等。芸豆卷从清代流传至今，一直备受喜爱，北京听鹂馆饭庄制作的芸豆卷，还曾在1997年被中国烹饪协会授予首届全国中华名小吃的称号。

重/难点解析

:: 重点

:: 难点

学习笔记

# 项目3　薯类杂粮面团制品

## 任务1　　　　制作紫薯麻球

### 产品介绍

麻球是一种传统的油炸面食，深受大众喜爱；紫薯富含硒元素和花青素，被称为"抗癌大王"，紫薯麻球则是集营养和美味为一体的点心。

紫薯麻球特点：色泽美观、口感外皮酥脆、内里软糯、口味香甜、营养丰富、风味独特（图6-5）。

### 原料配方

主料：去皮紫薯150g，糯米粉80g，澄粉10g，黄油10g，甜炼乳10g，水50g。

馅心原料：豆沙馅。

辅料：白芝麻适量（装饰用），色拉油适量（成熟用）。

### 设备工具

蒸锅、电炸锅、刀、刮板、碗、电子秤、保鲜膜等。

重/难点解析

::重点

::难点

图6-5　紫薯麻球

学习笔记

## ▰ 制作流程

准备原料 ➡ 蒸熟紫薯 ➡ 捣成泥 ➡ 调制面团
↓
熟制 ⬅ 粘裹白芝麻 ⬅ 包馅成形 ⬅ 分剂

（1）蒸熟紫薯　将紫薯切成片装入碗中，封上保鲜膜（用保鲜膜封上，是为了避免水蒸气影响紫薯的含水量），用旺火蒸制20min至熟。

（2）捣泥　趁热取出紫薯压成紫薯泥，倒在案板上。

（3）调制面团　趁热加入澄粉和糯米粉擦制均匀，依次加入黄油和甜炼乳擦匀，即为紫薯面团，盖上保鲜膜松弛10min。

（4）包馅成形　将豆沙馅分成5g/个，将紫薯面团分成15g/个，紫薯皮面包入豆沙馅，团成圆球状，均匀粘裹上一层白芝麻，用双手将芝麻团结实，即为紫薯麻球生坯。

（5）熟制　电炸锅内加入色拉油升温至140℃放入生坯，炸至紫薯球浮起后升温至160℃，炸至表面上色即熟，捞出控油装盘即可。

## ▰ 操作要点

（1）蒸制紫薯时，用保鲜膜封口，可减少其中的含水量。

（2）紫薯要蒸熟蒸透，方便捣制成泥。

（3）粘裹白芝麻要团结实，否则炸制时易脱落。

（4）炸制的温度不可过高，先低温炸制后转高温炸制，上色即熟。

重/难点解析

∷重点

## ▰ 知识拓展

利用紫薯可以制作出很多种特色点心，如紫薯饼、紫薯包、紫薯蛋糕等。因为大多数杂粮类原料中的蛋白质含量低、黏性差，通常需要配合黏性较大的粉料按比例使用。

∷难点

# 任务2　　　　　制作南瓜烙

## ▰ 产品介绍

南瓜烙是在杂粮面点南瓜包的基础上经过改良，加入了西式面点的制作技法和原料，将其进行开发与创新，制作出颜色、口味和口感都得到改良的一款特色点心。

南瓜烙特点：色泽金黄、造型美观、膨松暄软、口感绵软、营养丰富、口味纯正香甜（图6-6）。

图6-6 南瓜烙

### 原料配方

主料：高筋面粉180g，面包改良剂0.5g，泡打粉0.5g，盐0.5g，高糖酵母5g，面碱0.5g，黄油15g，豆油5g，绵白糖25g，鸡蛋1个，蛋糕油5g，蒸熟的南瓜泥100g。

辅助原料：色拉油100g。

### 设备工具

蒸柜、台式搅拌机、醒发箱、刮板、刀、电子秤等。

### 制作流程

（1）先将面碱和酵母分别用少量的水溶解待用，再将面粉与泡打粉、面包改良剂、盐一并过筛待用。

（2）将球形的搅拌头安装在搅拌缸内，加入黄油和绵白糖，用低速将其搅拌均匀，再加入鸡蛋搅拌均匀，然后加入蛋糕油，改为高速将其打至起发。

（3）依次加入豆油和蒸熟的南瓜泥，慢速搅拌均匀，再加入溶解后的碱水和酵母水搅拌均匀。

（4）加入面粉前需要将球形的搅拌头摘下，改用拍子形的搅拌头，加入面粉，用中速将其搅拌均匀成为较软的面团。

（5）将打好的面团分成每个50g的面剂，将面剂整理成表面光滑的橄榄形状，即为南瓜烙的生坯，将其摆入蒸屉中，放入醒发箱内，醒发箱的温度为38℃，相对湿度为40%，醒发时间约为10min。

（6）将醒发好的生坯放入已经上汽的蒸柜中，蒸制10min即可成熟装盘。

### ▰ 操作要点

（1）蒸制的南瓜要去皮，蒸熟后要用密网漏勺进行过滤，使南瓜泥更为细腻。

（2）面团的软硬程度要控制好。

（3）生坯成形要美观。

（4）醒发程度要控制好，醒发时间不可过长。

### ▰ 知识拓展

此产品蒸制成熟后还可以将底部放入平底锅油烙一下，烙至底部呈金黄色，会更加诱人。

学习笔记

重/难点解析

:: 重点

:: 难点

# 模块七

# 其他类面团制品实训

## 学习目标

- **知识与技能目标**

  1. 能够熟练掌握各类面团的成团原理、分类及其特点

  2. 能够熟练掌握各类面团调制的影响因素

  3. 能够熟练掌握各类面团的调制技法

- **过程与能力目标**

  1. 能够根据其他类面团制品的特点采用不同技法调制面团

  2. 能够根据其他类面团制品的特点掌握制作关键点

  3. 通过学习和训练培养学生开发创新的能力

- **道德、情感与价值观目标**

  1. 培养学生的节约意识和爱国情怀

  2. 培养学生的团队意识和工匠精神

  3. 培养学生的审美意识和职业素养

学习笔记

# 项目 1　淀粉类面团制品

**任务1**　　　**制作红豆西米糕**

## 产品介绍

　　红豆西米糕，以西米和红豆为主要原料制作而成，是一款胶冻类点心，具有健脾、补肺、化痰、除湿、养心等功效，这款冰凉的点心特别适合夏天消暑解馋。

红豆西米糕特点：色泽美观、晶莹剔透、冰凉不甜腻、口味清新、香甜可口、弹润香滑、富有营养（图7-1）。

## 原料配方

主料：西米100g，糖纳红豆50g，椰浆200g，白砂糖30g，鱼胶片13g，红糖10g，沸水100g。

辅料：椰蓉少许（装饰用）。

## 设备工具

　　奶锅、电磁炉、滤网、陶瓷长方形焗盘、模具、勺子、刀、玻璃碗等。

重/难点解析

:: 重点

:: 难点

图7-1　红豆西米糕

### 制作流程

准备原料　→　制作西米层　→　制作椰浆层
↓
装盘　←　冷冻定型　←　制作红豆层

（1）制作西米层　将西米倒入沸水锅中搅散开，防止西米成块或焦煳，煮至半透明关火，盖上锅盖焖10min左右，直至西米完全透明，过凉水洗去水中的淀粉捞出沥干，加入10g白砂糖拌匀，放入容器中铺平待用。

（2）制作椰浆层　将椰浆倒入锅中加入20g白砂糖煮沸，加入8g泡软的鱼胶片，边煮边搅拌，至白砂糖和鱼胶片完全溶化，过筛后倒在西米上，送入冰箱冷冻30min至凝结。

（3）制作红豆层　将50g糖纳红豆与10g红糖混合倒入锅中，冲入100g沸水搅拌成黏稠的溶液，小火煮沸，加入5g泡软的鱼胶片搅拌至完全溶化，将红豆溶液稍微冷却后，倒入凝固后的椰浆层上。

（4）冷冻定型　整体送入冰箱冷冻30min至凝固。

（5）装盘　红豆西米糕用牙签戳一下，确定牙签抽出后无黏液带出即可脱模切块，摆入盘中即可。

### 操作要点

（1）煮西米时要多添些清水，防止汤汁黏稠。

（2）可将西米煮至有一点白芯即可关火，焖至变得透明。

（3）煮好的西米用清水冲掉外层的淀粉，使之变得清爽。

（4）鱼胶片要提前用冷水泡软后捞出使用，否则在煮制时易结块。

### 知识拓展

淀粉类面团制品成形，主要是利用淀粉受热大量吸收水分发生的糊化反应，使淀粉颗粒黏结而形成面团的原理，其制品具有晶莹剔透的特点。

利用淀粉类面团可以制作出许多种特色点心，如虾饺、水晶饼、船点等。

## 任务2　　　　制作南瓜包

### 产品介绍

南瓜包是用南瓜制成的一道象形点心，营养美味，深受大众喜爱。南瓜中含丰富的维生素和矿物质，中医认为南瓜具有降压、降糖、健

图7-2 南瓜包

重/难点解析

:: 重点

脾、养胃、防癌、治癌等功效，儿童常吃南瓜可以促进生长发育。

南瓜包特点：造型美观、色泽金黄、口感软糯、口味香甜、营养丰富、风味独特（图7-2）。

### 原料配方

主料：去皮老南瓜100g，澄粉50g，糯米粉100g。

馅料：黄油30g，甜炼乳20g，京糕丁40g，白莲蓉馅50g，蒸熟南瓜丁50g。

辅料：可可粉少许（装饰用），胡萝卜片适量（蒸制成熟时垫底用），色拉油适量。

### 设备工具

蒸锅、电子秤、蒸屉、勺子、刮板、扁匙、保鲜膜等。

### 制作流程

:: 难点

准备原料 ➡ 蒸制南瓜 ➡ 制馅 ➡ 包馅成形 ➡ 蒸制成熟 ➡ 装盘

（1）调制南瓜蓉面团　将南瓜洗净去皮切小丁，放在玻璃碗中，盖上保鲜膜旺火蒸制20min至熟，趁热取出压成泥，倒在案板上，趁热依次加入澄粉、糯米粉、黄油和甜炼乳揉匀，即为南瓜蓉面团，包上保鲜膜松弛10min。

（2）制馅　将蒸熟南瓜丁、京糕丁和白莲蓉馅搅拌均匀，然后分成8g/个的剂子。

（3）包馅成形　将皮面分成20g/个的面剂，按成圆饼，包入馅心封口成圆球状，再整理成南瓜形状，侧面用扁匙的侧边缘压出南瓜的纹路，顶部中间按一小窝，取一小块南瓜面团加入少许可可粉擦匀并捏成南瓜的梗，将梗插在南瓜上面即为生坯。

（4）蒸制成熟　蒸屉上摆胡萝卜片（或刷油），将生坯摆在胡萝卜片上，旺火蒸制10min即熟，摆入盘中即可。

### 操作要点

（1）蒸制南瓜时要用保鲜膜封口，防止水蒸气影响南瓜含水量。

（2）蒸制南瓜要蒸熟蒸透，制成的南瓜泥才够细腻。

（3）京糕要切成小而均匀的丁。

（4）蒸制的时间不可过长，否则成品容易变形。

### 知识拓展

南瓜是一种既可作蔬菜又可作杂粮的原料，可蒸熟捣成泥作为皮面制成点心，也可刨丝或切丁调成点心的馅心，还可以切丁煮成南瓜粥，更可以利用不同烹调技法烹制成各种菜肴食用。

重/难点解析

:: 重点

:: 难点

学习笔记

# 项目2　果蔬类面团制品

## 任务1　　制作红豆枣糕

### 产品介绍

"五谷加红枣，胜似灵芝草"，枣糕原是清朝宫廷御用糕点，是满汉全席"十大糕点之一"，曾有宫廷第一糕点之美称，其味香远，入口丝甜，加入了红豆的枣糕营养更加丰富，是难得的四季养生佳品。

红豆枣糕特点：产品色泽金红、口感松软、枣香扑鼻、香甜可口、富有营养（图7-3）。

### 原料配方

主料：低筋面粉150g，去核切碎的干红枣100g，红小豆60g，鸡蛋5个，红糖120g，绵白糖20克，玉米淀粉30g，泡打粉3g，小苏打3g，牛奶300克，玉米油60g。

辅助原料：白芝麻适量（装饰用）。

### 设备工具

烤炉、烤盘、蛋糕模、料理机、煮锅、手持打蛋器、橡皮刮刀、粉筛、打蛋盆等。

重/难点解析

::重点

::难点

图7-3　红豆枣糕

## 制作流程

准备原料 → 煮红小豆 → 制红枣糊 → 调制红豆枣糕糊

装盘 ← 装饰 ← 烤制成熟 ← 成形

（1）煮红小豆　将红小豆洗净，用清水浸泡4h后倒入锅中煮熟，捞出备用。

（2）制红枣糊　将牛奶倒入红枣碗中浸泡红枣1h后倒入锅中小火煮制，充分搅拌煮至混合物成较为黏稠的糊状即可离火，倒入红糖搅拌均匀，凉凉备用。将红枣糊与红小豆共同倒入料理机中搅碎成泥状，倒入碗中。

（3）调制面团　将鸡蛋打入打蛋盆中加入绵白糖，中速搅拌均匀，再转高速将其打发，分别加入冷却的红豆红枣糊与玉米油低速搅打使之融合，将低筋面粉、玉米淀粉、泡打粉、小苏打一并过筛加入其中，上下翻拌均匀成糊状即可，切忌过度搅拌。

（4）成形　红豆枣糕糊灌入模具中2/3的位置，轻震两三下，表面再撒上白芝麻装饰。

（5）烤制成熟　烤炉升温至175/175℃，入炉烤制大约30min，见表面上色鼓起，用牙签插入带不出面糊即熟。

（6）装盘　将成品从模具中取出，摆入盘中，此点心趁热食用风味最佳。

## 操作要点

（1）煮制红枣糊时要控制好温度和时间，不可煳锅底。

（2）红枣尽量搅打得细碎些，否则影响口感和蛋糕成形。

（3）全蛋打发时温度控制在30℃左右最佳，冬季操作时可在打蛋盆下放盆温水。

（4）在调制面糊时要采用上下翻拌的手法，否则面糊易产生面筋，影响产品质量。

## 知识拓展

红豆枣糕是利用泡打粉和小苏打的化学膨松与鸡蛋的物理膨松相互配合达到了松软的效果。红豆枣糕还可以用枣泥馅料和蜜豆来制作，过程更加简单。

学习笔记

重/难点解析

:: 重点

:: 难点

## 任务2　　　　　制作姜汁撞奶

### 产品介绍

姜汁撞奶又称"姜汁奶"或"姜埋奶"，有一百多年的历史，是一道著名的广式美食。当朴实的牛奶遇到平凡的生姜，奶香与辛辣完美融合，瞬间如凝脂般华丽，这是由于生姜含有蛋白酶，在一定温度范围内能与牛奶内的蛋白质发生反应，使牛奶自然凝结，凝结后的口感类似于豆腐花，但较之豆腐花又更加香甜嫩滑。

姜汁撞奶特点：状似豆腐脑，也与布丁有些相似，口味甜中微辣，口感香嫩爽滑，且有调胃、驱寒、除湿、养颜等功效（图7-4）。

### 原料配方

主料：生姜50g，全脂牛奶500g，绵白糖20g。

辅料：蔓越莓干适量（装饰用）。

### 设备工具

电磁炉、奶锅、瓷碗、滤网、刀、打蛋器、压汁器等。

### 制作流程

准备原料 ➡ 取姜汁 ➡ 煮牛奶 ➡ 成形 ➡ 装盘

（1）取姜汁　姜去皮洗净磨出姜汁，用纱布或小密筛过滤，倒入碗中备用，通常50g生姜可榨出20g左右姜汁。

（2）煮牛奶　将全脂牛奶加热煮沸后熄火加糖，搅拌至溶化，牛奶降温

图7-4　姜汁撞奶

至70~80℃，即可进行下一步操作。

（3）将碗中的姜汁摇匀，迅速将牛奶从30cm左右的高度冲入姜汁碗中，马上盖上盖子，使热空气在碗内循环，静置5min，一碗顺滑的姜汁撞奶就完成了。

### ▬ 操作要点

（1）牛奶要选用全脂牛奶。

（2）姜汁一定要过滤后使用。

（3）冲入姜汁中的牛奶温度一定要控制好。

（4）冲入姜汁后需马上盖上盖子焖制。

### ▬ 知识拓展

姜汁撞奶中的白糖可用红糖代替，也可加入红枣、枸杞和核桃等食材，既丰富口感又增加营养。

学习笔记

重/难点解析

∷重点

∷难点

学习笔记

# 项目3 冻羹类面团制品

## 任务1　　　　　　　制作牛奶布丁

### 产品介绍

牛奶布丁是一道以牛奶、鸡蛋、糖为主料制成的甜品，牛奶和鸡蛋均是含有丰富蛋白质、维生素和矿物质的食品，可以有效地提高身体内钙离子的含量，从而能够增加骨骼的强度，并可以在一定程度上促进肠道蠕动，帮助消化。

牛奶布丁特点：色泽淡黄、表面光滑如镜、口感柔软滑嫩、口味香甜适口、营养丰富（图7-5）。

重/难点解析

:: 重点

### 原料配方

主料：牛奶250g，细砂糖30g，淡奶油60g，鸡蛋2个。

辅料：清水适量（水浴用）。

### 设备工具

烤箱、烤盘、奶锅、打蛋器、量杯、滤网、布丁杯等。

### 制作流程

:: 难点

准备原料 → 煮制牛奶 → 成形 → 成熟

图7-5　牛奶布丁

（1）煮制牛奶 牛奶倒入锅中加热，快要煮沸时加入细砂糖关火，搅拌至细砂糖溶解，放置冷却。

（2）成形 鸡蛋打散，慢慢加入淡奶油搅拌均匀，再将冷却的牛奶慢慢加入搅拌均匀，用滤网过滤后倒入布丁杯中，摆入烤盘，烤盘中添加适量的清水。

（3）烤制成熟 烤炉升温至上下火150℃，水浴法烤制30min左右，待液体凝固即熟。

### 操作要点

（1）煮制牛奶时要不停地搅动，牛奶不要煮沸。

（2）搅打蛋液以打散为度，不要打起泡。

（3）布丁液要过滤，消除搅拌产生的乳沫，使成品更细腻。

（4）烤制时间要控制好，否则会过老或过嫩。

（5）成品可趁热食用，也可冷藏食用。

### 知识拓展

牛奶布丁制法是传统的冻羹类制品制法之一，如想省去加热步骤，可加入鱼胶粉来制作。为了丰富牛奶布丁的口味，还可添加可可粉制成可可布丁；添加芒果汁、芒果肉可制成芒果布丁；添加橙汁、抹茶粉、木瓜肉、草莓、咖啡等，具有不同的风味。

## 任务2　制作木瓜椰奶冻

### 产品介绍

木瓜椰奶冻是一道适合夏季消暑的甜品，它巧妙地将水果和冻羹类点心结合在一起，成品口感清冽，特色突出，其中木瓜含有健脾消食、抗疫杀虫、通乳抗癌等功效。

木瓜椰奶冻特点：色泽鲜亮、层次分明、外形美观、清凉爽口、营养丰富、老少皆宜（图7-6）。

### 原料配方

主料：鲜木瓜1个。

配料：牛奶50g，椰浆70g，白砂糖12g，淡奶油20g，鱼胶片15g。

辅料：清水适量（泡鱼胶片用）。

### 设备工具

冰箱、奶锅、碗、刀、勺、刮皮刀等。

图7-6　木瓜椰奶冻

### 制作流程

准备原料 ➡ 原料初加工 ➡ 制作椰奶浆 ➡ 冷藏定型 ➡ 切片装盘

（1）原料初加工　木瓜洗净去皮，从顶头1/5处切开露出里面的籽，用小勺将籽全部去掉，尽量将内壁挖得光滑些。将鱼胶片用冷水泡软。

（2）制作椰奶浆　锅中倒入椰浆、牛奶、淡奶油小火煮至微沸关火，将泡软的鱼胶片放入椰浆中搅拌均匀直至完全溶化，放入白砂糖溶化。

（3）冷藏定型　将冷却的椰浆倒入木瓜中，保持木瓜直立（可将木瓜放入碗中直立，或将底部切平），盖上瓜蒂放入冰箱冷藏。

（4）切片装盘　冷藏3h后凝固取出，切片装盘即可。

### 操作要点

（1）木瓜要选择熟透的。

（2）木瓜籽要挖干净，否则会影响美观。

（3）鱼胶片要泡软后再使用，要掌握好用量。过量口感不好，过少奶冻不凝固。

### 知识拓展

　　木瓜椰奶冻中的椰浆可以换成牛奶或杏仁露，奶冻中还可放适量的西米或蜜豆、果粉、水果汁等丰富口味和色泽。利用此技法还可以制作出很多种特色点心，如桂花糕、咖啡冻等。

# 模块八

# 现代面点的创新与开发

学习笔记

# 项目1 现代面点开发的方向

　　中式面点的制作和相关工艺技术以及相关制作工具、面点品种，都是中华民族饮食文化的优秀遗产，具有强烈的民族性和时代特征。对于这份遗产，我们除了按"取其精华，去其糟粕"的原则进行扬弃式的继承外，还应根据当今的时代经济和社会发展的需要，进行改造和创新，这不仅是面点进一步发展的要求，也是面点工艺教学的重要任务。

　　面点制作工艺是中国烹饪的重要组成部分。近几年来，随着烹饪事业的发展，面点制作也出现了十分可喜的发展势头，但是发展现状与菜肴烹调相比，无论是品种的开发、口味的丰富还是制作的技艺等方面，还显得有些差距。这就需要广大的面点师、烹饪工作者和专家不断地探索，组织技术力量研究面点的改革，以适应社会发展的需要，从而加快面点发展进程。

　　中国面点是中华民族传统文化的优秀成果。在当前社会发展的新形势下，吸收国外现代快餐企业的生产、管理、技术经验，采用先进的生产工艺设备、经营方式和管理办法，发展有中国特色的、丰富多彩的、能适应国内外消费需求的面点品种，是中国面点今后的发展趋势。

重/难点解析

∷重点

## 一、现代中式面点创新的潜力

### （一）面点客源的广泛性

　　我国传统的饮食习惯是"食物多样，谷类为主"，因此在人们的饮食生活中，面点占有很重要的地位。面点不仅指各种面粉制品，同时也包括各种杂粮、米类制品及羹汤类制品等，它和菜肴烹调组成了人们的进餐食品，也可离开菜肴独立存在。可以讲，在正常进餐情况下，人们每天都离不开面食制品，所以说，面点的制作与创新具有广泛的客源基础。

∷难点

### （二）面点制作发展缓慢，创新具有广阔空间

　　中国烹饪在世界饮食中具有很高的地位，它主要指中国烹调技艺及个别特色风味小吃，中国大部分面点技术仍处于缓慢发展阶段，面点制作的工业化程度、面点的营养搭配以及特色风味面点的研制等仍落后于饮食发达国家。我国面点的制作，历来是师傅带徒弟、传统手工作业，

而师傅传授技艺又受到传统的"教会徒弟，饿死师傅"等陋习的影响，往往是技留一手，使得面点技术发展缓慢。因此，面点的创新具有起点低、道路广阔的特点。

学习笔记

## （三）人员素质的提高是面点创新的重要保证

随着社会的进步，人们对饮食生活的认识发生了很大的变化，不再认为吃喝单纯是生活中的享受，而是人们生存与健康的保障，饮食也是一门高深的学问。近些年来，我国的烹饪教育如雨后春笋，蓬勃发展，已形成了一整套烹饪教育及研究体系，从技工学校到中专、大专直至烹饪本科及硕士研究生等，无不标志着饮食工作者素质的提高。新时代面点师在科研与创新中，不仅知其然，还知其所以然，他们带徒的方式也从单纯的观察模仿上升至讲授、实践、再讲授、再实践一整套体系，大大加快了学生掌握技术的速度。平均文化水平的提高，给面点的创新奠定了强有力的理论基础。

## （四）面点原料经济实惠是创新的物质基础

面点制品所用的主料是粮食类原料，这些原料不但营养丰富，老少皆宜，更是人们饮食中不可缺少的主食原料。面点品种成本低、售价低、食用可口、易于饱腹，一年四季，风味各异、品种繁多，可以满足各种消费者的不同要求。我国是一个农业大国，近年来，各种粮食生产量呈上升趋势，因此，面点的制作和创新具有较稳定的物质基础。

重/难点解析

:: 重点

# 二、现代中式面点创新开发的思路

## （一）拓展新型原料，创新面点品种

制作面点的原料类别主要有皮坯原料、馅心原料、调辅料以及食品添加剂等，其具体品种成百上千。我们要在充分运用传统原料的基础上，注意选用西式原料，如咖啡、干酪、奶油、炼乳、糖浆、咖喱、柠檬、薄荷叶以及各种润色剂、增香剂、膨松剂、乳化剂、增稠剂和强化剂等，以提高面团和馅料的质量，并赋予创新面点品种特殊的风味特征。

:: 难点

### 1. 面团的发展是面点品种创新的基础

中国面点品种花样繁多，传统面点品种的制作离不开经典的四大面团：水调面团、发酵面团、米粉面团和油酥面团。不管是有馅品种还是无馅品种，面团是形成具体面点品种的基础。因此，从面团着手，适当使用新型原料，创新面点品种，不失为一个绝好的途径。除此之外，在某一种面团中掺入其他新型原料，可形成多种多样的面点品种，这也是一种创新。例如，在发酵面团中，适当添加一定比例的牛奶、奶油，会

学习笔记

使发酵面点更加暄软膨松，还会显得乳香滋润，也更加富有营养。再如，在调制水调面团时，可以采用果汁、牛奶、高汤、蔬菜汁等代替水来调制面团，或掺入鸡蛋、抹茶粉、吉士粉等原料制作，也可使面团增加特色。调制油酥面团除了可使用传统的猪油、黄油之外，还可以使用橄榄油、玉米油、淡奶油等调制，形成中国创新面点品种。

**2. 馅心的变化是面点品种创新的关键**

中国面点大部分属于有馅品种，因此馅心的变化，必然导致具体面点品种的部分创新。我国面点用料十分广泛，禽肉、畜肉等肉品，鲜鱼、虾、蟹、贝、参等水产品，以及杂粮、蔬菜、水果、干果、蜜饯、鲜花等都能用于制馅。除此之外，咖啡、巧克力、干酪、炼乳、奶油、糖浆、果酱、咖喱等西式原料，也可用于馅心的调制，制作出不同风味的面点品种。如巧克力月饼、咖啡月饼、冰淇淋月饼等已经引领了国内月饼馅心品种创新的潮流，"食无定味，适口者珍"。除了用料变化之外，馅心的口味也有了很大的创新。传统的中国面点馅心口味主要分为咸味馅和甜味馅，咸味馅口味是鲜嫩爽口、咸淡合适，甜味馅是甜香适宜。在面点师的不断研究创新下，采用新的调味原料，使面点馅心的口味有了很大的变化，目前主要开发的新口味有鱼香味、干肠味、酱香味、酸甜味、咖喱味、椒盐味等，使面点更加丰富多彩。

重/难点解析

:: 重点

:: 难点

**3. 面点色、香、味、形、质等风味特征的创新是吸引消费者的保证**

色、香、味、形、质等风味特征历来是鉴定具体面点品种制作成功与否的关键指标，而面点品种的创新，也主要是体现在制品的色、香、味、形、质等风味特征能最大限度地满足消费者的视觉、嗅觉、味觉、触觉等方面的需要。在"色"方面，具体操作时应坚持用色以淡为贵外，也应熟练地运用缀色和配色原理，尽量多用天然色素，不用化学合成色素。例如，三色马蹄糕一层以糖色粉为主，一层以牛奶白色为主，一层以果汁黄色为主，成熟后既达到了色彩分层美的效果，又避免了用色杂乱无章的弊端。在"香"方面，要注意体现馅心用料新鲜、优质、多样的特点，并且巧妙运用挥发增香、吸附带香、扩散入香、酯化生香、中和除腥、添加香料等手段烹调入味成馅，以及采用煎、炸、烤等熟制方法产生香气。在"味"方面，不能仅仅局限于传统的面点只用咸、甜两个味道，还要学会利用更多复合味为面点增添新风味，甚至于创新出不同味的面点皮面和馅。在"形"方面，样式变化种类繁多，不同的品种具有不同的造型，即使同一品种，在不同地区、不同风味流派中也会千变万化，造型多样。具体的"形"主要有：

几何形态、象形形态（它可分为仿植物形态和仿动物形态）等。"形"的创新要求简洁自然、形象生动，可通过运用省略法、夸张法、变形法、添加法、几何法等手法，创造出形象生动的面点，又要使制作过程简洁迅速。例如，裱花蛋糕中用于装饰的玫瑰花往往省略到几瓣，但仍不失玫瑰花的特征；"知了饺"着重对知了眼睛和翅膀进行夸张塑造，使其更加形象；"蝴蝶卷"则把蝴蝶身上复杂的图案处理成对称几何形等，既形象生动又简便易行。在"质"方面，创新要求在保持传统面点"质"的稳定性的同时，善于吸收其他食品特殊的"质"，善于利用新原料和新工艺。

### （二）开发面点制作工具与设备，改善面点生产条件

"工欲善其事，必先利其器"。中国面点的生产从生产手段方面来划分主要有手工生产、印模生产、机械生产等，但从实际情况来看，仍然以手工生产为主，这样便带来了生产效率低、产品质量不稳定等一系列的问题。所以，为推广发扬中国面点的优势，必须结合具体面点品种的特点，创新、改良面点的生产工具与设备，使机器设备生产出来的面点产品，能最大限度地达到手工面点产品的具体风味特征指标。

### （三）讲求营养科学、开发功能性面点品种

功能性面点不仅具有一般面点所具备的营养功能和感官功能，还具有一般面点所没有的或不强调的调节人体生理活动的功能。功能性面点主要包括老人长寿、妇女健美、儿童益智、中年调养四大类。例如，可以开发出具有减肥或轻身功效的减肥面点品种，具有软化血管和降低血压、血脂及血清胆固醇、减少血液凝聚等作用的降压面点品种，也可以开发出有益于老人延年益寿、儿童益智的面点品种。总之，面点创新是餐饮业永恒的主题之一。在社会生活飞速发展和餐饮业激烈竞争的今天，面点的创新已显得越来越迫切。对于广大面点师来说，要做到面点创新，除了要具备一定的主客观条件之外，还要遵循面点创新的思路，这样才能创作出独特的面点品种来。

具体地说，可以掌握以下几个方面的创新原则。

#### 1. 以制作简便为主导

中国面点制作经过了一个由简单到复杂的发展过程，从低级社会到高级社会，能工巧匠的制作技艺不断精细。面点技艺也不例外，于是产生了许多精工细雕的美味细点。但随着现代社会的发展以及需求量的增大，除餐厅高档宴会需要精细点心外，开发面点时应考虑到制作时间。点心大多是经过包捏成形，如果进行长时间的手工处理，不仅会影响经营的速度、批量的生产，而且也有害于食品营养与卫生。

学习笔记

重/难点解析

:: 重点

:: 难点

现代社会节奏的加快，食品需求量的增大，从生产经营的切身需要来看，已容不得我们慢工出细活，而营养好、口味佳、速度快、卖相绝的产品，将是现代餐饮市场最受欢迎的品种。

### 2. 突出携带方便的优势

面点制品具有较好的灵活性，绝大多数品种都可方便携带，不管是半成品还是成品，所以在开发时就要突出本身的优势，并可将开发的品种进行恰到好处的包装。在包装中能用盒子的就用盒子装，便于手提、袋装，并保持面点原有的形状不被破坏。如小包装的烘烤点心、半成品的水饺、元宵，甚至可将饺子皮、肉馅、菜馅等都预制调和好，以满足顾客自己操作的需求。

突出携带的优势，还可扩大经营范围。它不受众多条件的限制，对机关、团体、工地等需要简便地解决用餐问题时，还可以及时大量地供应面点制品，以扩大销售。由于携带、取用方便，就可以不受餐厅条件的限制，以做大餐饮市场份额。

### 3. 体现地域风味特色

中国面点除了在色、香、味、形及营养方面各有千秋外，在食品制作上，还保持着传统的地域性特色。面点在开发过程中，在注重原料的选用、技艺的运用中，也应尽量考虑到各自的乡土风格特色，以突出个性化、地方性的优势。如今，全国各地的名特食品，不仅为中国面点家族锦上添花，而且深受各地消费者普遍欢迎。诸如煎堆、汤包、泡馍、刀削面、抻面等已经成为我国著名的风味面点，并已成为各地独特饮食文化的重要内容之一。而利用本地的独特原料和当地人传统制作食品的方法加工、烹制，就为地方特色面点的创新开辟了道路。

### 4. 大力推出应时应节品种

我国面点自古以来就与中华民族的时令风俗和淳朴感情有密切的关系，在一年四季的日常生活中，不同时令均有独特的面点品种。明代刘若愚《酌中志》记载，那时人们正月吃年糕、元宵、双羊肠、枣泥卷，二月吃黍面枣糕、煎饼，三月吃糍粑、春饼，五月吃粽子，十月吃奶皮、酥糖，十一月吃羊肉包、扁食、馄饨……当今我国各地都有许多适时应节的面点品种。中国面点是我国人民创造的物质和文化的财富，这些品种，使人们的饮食生活充满着健康的情趣。

中外各种不同的民俗节日是面点开发的最好时机，如元宵节的各式风味元宵，中秋节的特色月饼，重阳节的重阳多味糕品，春节的各式各样年糕等。在许多节日，我国的面点品种推销还缺少品牌和力度。需要说明的是，节日食品一定要掌握好生产制作的时节，应根据不同的节日提前做好生产的各种准备。

### 5. 力求创作出易于贮藏的品种

许多面点还具有短暂贮藏的特点，但在特殊的情况下，许多的糕类制品、干制品、果冻制品等，可用糕点盒、电冰箱、贮藏室存放起来，例如，经过烘烤、干烙的制品，由于水分得到了蒸发，其贮存时间较长。各式糕类，如松子枣泥拉糕、蜂糖糕、蛋糕、伦教糕等；面条、酥类、米类制品，如八宝饭、糯米烧卖、糍粑等；果冻类，如西瓜冻、什锦果冻、番茄菠萝冻等；馒头花卷类等，如保管得当，可以在数日内贮藏，保持其特色。假如我们在创作之初也能从这里考虑，我们的产品就会有更长的生命力。客人不必马上食用，或即使食用不完，也可以短暂贮藏，因此，就可以增加产品的销售量，如蛋糕类的烘烤食品、半成品的速冻食品等。

### 6. 雅俗共赏，迎合餐饮市场

中国面点以米、麦、豆、黍、禽、蛋、肉、果、蔬等为原料，其品种干稀皆有，荤素兼备，既可填饥饱腹，又精巧多姿、美味可口，深受各阶层人民的喜爱。

在面点开发中，应根据餐饮市场的需求，一方面要开发精巧高档的宴席点心；另一方面又要迎合大众化的消费趋势。既要有能满足广大群众需求的普通大众面点，又要开发精致的高档宴席点心；既要考虑到面点制作的平民化，又要提高面点食品的文化品位，把传统面点的历史典故和民间的文化内涵挖掘出来。另外，创新面点要符合时尚，满足消费，使人们的饮食生活更加健康，更有情趣。

## 三、迎合市场的面点种类

### （一）开发速冻面点

近10年来，随着改革开放和经济的发展，面点制作中的不少点心，已经从采用手工作坊式的生产转向采用机械化生产，能成批地制作面点，来不断满足广大消费者的一日三餐之需。速冻水饺、速冻馒头、速冻馄饨、速冻元宵、速冻春卷、速冻包子等已打开食品市场，不断增多的速冻食品已进入寻常百姓的家庭。随着食品机械品种的不断诞生，以及广大面点师的不断努力，开发更多的速冻面点将成为广大面点师不断探讨研究的课题。中国面点具有独特的东方风味和浓郁的中国饮食文化特色，在国外享有很高的声誉，发展面点食品，打入国际市场，中国面点占有绝对的优势。拓展国外市场，开发特色面点，发展面点的崭新天地需要我们去开创。

学习笔记

重/难点解析

∷重点

∷难点

学习笔记

————————

项目总结与感悟

**（二）开发方便面点**

在生活质量不断提高的今天，各种包装精美的方便食品应运而生。快餐面在日本问世，为方便食品的制作开辟了新的道路。目前，我国各地涌现了不少品牌的方便食品，即开即食，许多需要在厨房制作的面点品种，现在都已工厂化生产，诸如热干面、冷面、八宝粥、营养粥、酥烧饼、黄桥烧饼、山东煎饼、周村酥饼等。这些方便食品一经推出，就受到市场的欢迎。许多饭店也专辟了生产车间加工操作，树立了自己的拳头产品以赢得市场。方便食品特别适宜于烘烤类面点，经烤箱烤制后，有些可以贮存一周左右，还有些品种可以存放几个月，有利于商品的流通和开发市场，为面点走出餐厅、走出本地区创造了良好的条件。

**（三）开发快餐面点**

为适应当今快节奏的生活方式，人们要求在几分钟之内就能吃到或带走配膳科学、营养合理的面点快餐食品，近年来，以满足大众基本生活需要为目的的快餐发展迅猛。传统面点在发展面点快餐中前景广阔，其市场包括流动人口、城市工薪阶层、学生阶层。面点快餐将成为受机关干部、学生和企事业单位职工欢迎的午餐的重要供应品种。未来的快餐中心将与众多的社会销售网点、公共食堂、社区中心结成网络化经营，使之进入规模生产的社会化服务体系。有人将中式快餐特点归纳为"制售快捷，质量标准，营养均衡，服务简便，价格低廉"五句话。面点快餐无疑具有广阔的发展空间。

**（四）开发系列保健面点食品**

随着经济的飞速发展和人民生活水平的不断提高，人们越来越注重食品的保健功能，如儿童健脑食品，利用原料营养的自然属性配制成面点食品，以食物代替药物，将是面点创新开发的一大趋势。世界人口日趋老龄化，发展适合老年人需要的长寿食品，其前景越来越被看好，这类消费群体对食品的要求是多品种、少数量、易消化、适口、方便，有适当的保健疗效，有一定的传统性及地方特色，这类食品在老年人群体中极有市场。开发和创新传统面点食品，应着重改变我国面点高糖、高脂肪的特点，从开发低热量、低脂肪的食品，从丰富食品的膳食纤维、维生素、矿物质含量入手，创新适合现代人需要的面点品种，这是面点发展的一条重要途径。

## 项目 2　现代面点的开发与利用

时代的发展变化带来了人们生活水平的不断提高，同样，在面点需求方面人们也会有新的要求。人们希望吃到原料多样、品种丰富、口味多变、营养适口、简单方便的食品，在原有面粉米粉的基础上，讲究口味的多变性，需求还向着杂粮、蔬菜、鱼虾、果品为原料的面点方面发展，要求生产出既美观又可口，既营养又方便，既卫生又保质的面点新品种。

### 一、挖掘和开发皮坯原料品种

米、麦及各种杂粮是制作面点的主要原料，是面点制作中必需的、占主导地位的原料，都含有一定量的淀粉、蛋白质和维生素等，在添加其他辅助原料后，经过加工成熟具有松、软、黏、韧、酥等特点，但其性质又有一定的差别，有的单独使用，有的可以配合使用。

面点品种的丰富多彩，取决于皮坯原料的变化运用和面团不同的加工调制手法。中国面点品种的发展，必须要扩大面点主料的运用，使我国的杂色面点形成一系列各具特色的风味，为中国面点的发展开拓一条宽广之路。

可作为面点皮坯的原料有很多，这些原料均含有丰富的糖类、蛋白质、脂肪、矿物质、维生素、纤维素，对增强体质、防病抗病、延年益寿、丰富膳食、调配口味都能起到很好的效果。

#### （一）特色杂粮的充分利用

自古以来，我国各地人民除广泛食用米、面等主食以外，还大量食用一些特色的杂粮，如高粱、玉米、小米、薯类等，这些原料经合理的利用可加工出许多风格特殊的面点品种，特别是在现代生活水平不断提高的情况下，人们更加崇尚返璞归真的饮食方式。因此，利用这些特色的杂粮制作的面点食品，不仅可以丰富面点的品种，还可得到各地消费者的由衷喜爱。

如将高粱米加工成粉，与其他粉料混合使用，可制成各具特色的糕类、团类、饼类、饺子等面点制品。小米色黄、粒小易烂，磨制成粉可制成各式糕、团、饼等，还可以掺入面粉制成各式发酵食品，通过合理

学习笔记

重/难点解析

::重点

::难点

的加工也可以制成小巧可爱的宴会点心。玉米可加工成玉米粉，还可进一步加工制成粟粉，即玉米淀粉，粟粉粉质细滑，吸水性强，韧性差，用热水烫制后发生糊化易于凝结，凝结至完全冷却时成为爽滑、无韧性、有弹性的凝固体。而玉米粉则可单独制作成玉米饼、玉米球、窝头等，或与面粉等掺和后可制作各式发酵面点及蛋糕、饼干、煎饼等面食。

## （二）果蔬的变化出新

我国富含淀粉类营养物质的食品原料异常丰富，这些原料经合理加工后，均可创新出丰富多彩的面点品种。如莲子，可加工成粉，其质地细腻，口感爽滑，多用于制作莲蓉馅，也可作为皮料制成面团后，运用不同的制作方法和不同的成熟方法，制作糕类、饼类、团类及各种造型点心。马蹄（荸荠）粉，是用马蹄加工制成的淀粉，其黏滑而劲大，可加糖冲食，也可作为馅心；或经加温显得透明，凝结后会爽滑性脆，适用于制作马蹄糕、九层糕、芝麻糕、拉皮和一般夏季糕品等；若将马蹄煮熟去皮捣成泥，与淀粉、面粉、米粉掺和，可做各式糕点。红薯，所含淀粉很多，因而质软而味甜；由于其糖分含量较高，与其他粉类掺和后，有助于发酵；或将红薯煮熟、捣烂，与米粉等掺和后，可制成各式糕团、包类、饺子、饼类等，如香麻薯蓉枣、红薯饼等；若干制成粉，可代替面粉制作蛋糕、布丁等各种中西点心，如红薯蛋糕、红薯布丁等。马铃薯，性质软糯细腻，去皮煮熟捣成泥后，可单独制成煎、炸类各式点心；与面粉、米粉等趁热调制成团，也可制作成各类糕点，如像生雪梨果、土豆饼等。芋头，性质软糯，蒸熟去皮捣成芋泥，软滑细腻，与淀粉、面粉、米粉等掺和后，可制成各式风味糕团，如代表品种荔浦秋芋角、荔浦芋角皮、炸椰丝芋枣、脆皮香芋夹等。山药，色白、细软、黏性大，蒸熟去皮捣成泥可与面粉、米粉等掺和制作成各式糕点，如山药桃、鸡粒山药饼、网油山药饼等。南瓜，色泽红润，粉质甜香，若将其蒸熟或煮熟，与面粉或米粉等调拌成面团，可做成各式糕类、饼类、团类、饺子等，如油煎南瓜饼、象形南瓜包等。慈姑，略有苦味，黏性差，蒸熟制成泥，与面粉或米粉等掺和后使用，适用于制作烘、烤、炸等类点心，口味香甜，其用途与马铃薯相似。百合，含有丰富的淀粉，蒸熟后，与澄粉、米粉、面粉等掺和后，调制成面团，可制成各类糕、团、饼等，如百合糕、三鲜百合饼等。栗子，淀粉含量较高，粉质疏松，将栗子蒸熟或煮熟脱壳，压成栗子泥，与米粉、面粉等掺和后，也可制成各式糕类、饼类等品种。

## （三）各种豆类的合理运用

绿豆粉，是用绿豆加工制作而成，粉粒松散，经加温也会呈现无黏性、无韧性特点的原料，香味较浓，常用于制作豆蓉馅、绿豆饼、绿豆糕、杏仁糕等，与其他粉料掺和可制成各类点心。赤豆（红豆、红小豆），性质软糯，沙性大，煮熟后可制作赤豆泥、赤豆冻、豆沙、红豆羹，与面粉、米粉等掺和后可制作各式糕点。扁豆、豌豆、蚕豆等豆类具有软糯、口味清香等特点，蒸熟捣成泥可做馅心，与其他粉料掺和后可制作各式糕点及小吃，如绿豆糕、红豆糕、豌豆黄、小窝头等。

### （四）鱼虾肉制皮体现特色

新鲜鱼虾肉经过加工也可制成皮坯。将虾肉洗净，用干毛巾吸干表面的水分，剁碎压烂成蓉，再用食盐将虾蓉搅拌至起胶黏性，再加入生粉即成为虾粉团；将虾粉团分成小粒，用生粉作补粉再把它擀薄成圆形的皮，便成虾蓉皮，其味鲜嫩，可包制各式饺子、饼类面点等。新鲜鱼肉经过合理加工可以制成鱼蓉皮。将鱼肉剁烂，放进食盐搅拌至起胶黏性，加水继续搅打均匀，放入生粉搅匀即成为鱼蓉皮，将其下剂制皮后，包入各式馅心，可制成各类饺子、饼类、球形点心等，如香鱼皮饺等。

### （五）运用时令水果形成特异风格

利用新鲜水果与面粉、米粉等原料拌和，又可调制成风味独特的面团，其色泽美观，果香浓郁，再经过加工，可制成各类点心。如将香蕉、菠萝、苹果、草莓、桃子、柿子、橘子、山楂、椰子、柠檬、西瓜、猕猴桃、芒果等水果分别打成果蓉或果汁，与粉料拌和，即可调制成风格迥异的面团，再经过加工制成特色点心，如香蕉蛋糕、菠萝冻奶糕、芒果布丁、黄桂柿子饼等。

中国面点制作的皮坯原料是非常丰富的，只要广大面点师善于思考，认真研究，根据不同原料的特点，加以合理利用，制成各式皮料和馅料，再采用不同的成形和成熟手段，便可生产出丰富多彩、营养丰富的面点新品种。

## 二、挖掘和开发馅料品种

馅料的创新是面点变化的又一重要途径。馅心调制的好坏，直接影响面点的色、香、味、形、质、营养等诸多方面。馅心与皮料相比，皮料的制作主要决定面点的色和形，而馅心则决定面点的香味和口感，同时有些馅心还起着增色的效果。因此馅心不仅具有确定面点口味的作用，同时还肩负着美化面点，保证面点质量、口感的重任。目前，面点馅心在口味上一般是以咸鲜味、甜味为主，其他味型只占很少的比例；在原料的选择上，主要是猪、羊、牛肉、蛋品、豆制品和一些时鲜

学习笔记

重/难点解析

::重点

::难点

学习笔记

蔬菜、果品，对于水产品的利用，也只限于蟹黄、鱼子、虾米等个别品种。相对于烹调菜肴而言，面点的馅料制作，无论是从原料的综合利用，尤其是高档原料的使用，还是从各种调味味型的变化来看，都远远处于不饱和状态。因此，我们应借助现有的经验，对面点馅心的制作做一些调整。

## （一）广泛利用烹饪原料

中国烹饪之所以能闻名于世，其所用原料具有广泛性是一个重要因素，作为面点的馅心原料，只要具有可食性均可使用，上至山珍海味，下至野菜家禽，都能做成美味的面点。我们可以将各种各样的烹饪原料用于制作面点馅心，创新开发一些具有特色风味的面点品种。

## （二）借助菜肴调味方式制馅

制作面点馅心，除了要设法保持原料本身具有的个性美味外，还要吸收烹调菜肴的味型，如家常味型、酸辣味型、麻辣味型、鱼香味型、芒果味型和怪味型等，同时要善于利用特殊的香料开拓味型，如五香味型、陈皮味型、朗姆酒味型、芥末味型、酱香味型等。

## （三）探索使用一些新原料制馅

重/难点解析

::重点

随着科技的不断发展，各式各样的食品新原料不断被挖掘、制造出来，如果能及时将它们运用到馅心的调制中，就能创新开发出独具魅力的风味面点，使面点品种具有强大的生命力，能够在短时间占领市场，并带来非常可观的经济效益和社会效益。例如，利用烹调原料吉士粉制作馅心的面点已风靡全球，如吉士蛋挞馅、吉士奶皇馅等已被运用到各式中西面点中，而用蚝油调制的馅料更是别有一番风味。

# 三、造型及其他方法的创新

## （一）面点造型的翻新

::难点

面点的形状，主要是利用由主粉料的自然属性所制作的面皮来表现的。自古以来，我国的面点师就善于制作形态各异的花卉、鸟兽、鱼虫、瓜果等造型点心，从而增添了面点的感染力和观赏价值。纵观面食美点，尤其是宴席精点，无一不是味与型的完美结合。饺子宴之所以具有吸引力，靠的不仅仅是口味的调制，而且也充分利用了造型的艺术；百饺宴、包子席之所以深受食客的欢迎，其各式各样的造型也功不可没。"一饺一形""一包一形"，充分体现了面点师的独具匠心。面点造型的翻新还可以在各种器皿、饰物及用具等贴近生活的物品上进行研究。例如，仿书本制作点心，给人一种书香门第、文化高雅的气氛，可以用蛋类面团做成薄饼状，喝酒之后，一人一张悠闲自取，仿佛翻书一般，抬手之间，精神和物质双丰收；也可以制作成书本蛋糕，让食客品味出饮食的文化和艺术；用琼脂、明胶制作一副象棋盘，上面搭配车、马、相、士、炮等可食用性棋子，使人在食用时心情舒畅，谈棋论道，享受饮食以外的乐趣。

## （二）面点制作中色彩的调配

在现实生活中，人们对食品的色、香、味、形的要求越来越高，食品的色、香、味、形不仅能使人在感官上享受到真正的愉悦，而且还直接影响着人们对食品的消化和吸收。中式面点色彩运用的典范首推苏式面点中的船点，那些用米粉制作的五彩缤纷的花鸟鱼虫，诱人嘴馋的瓜果鲜蔬，无一不给人以艺术的享受。由此可见，面点的色彩变化依然存在着很大的拓展空间，作为一名面点师，应挖掘和借鉴传统的饮食配色艺术，将其制作手法及色彩运用到各类面团的调制中去，以弘扬中国的面食文化，开拓中国的面食市场。

面点制作色彩运用发展的方向是利用植物的本色，或者提取的相关汁液来进行调配，添加在面团中制成天然颜色的皮坯，同样可以使面点色彩斑斓，这样不仅能满足面点色泽上的要求，而且能满足营养方面的要求，这应该是面点今后发展的新趋势。

## （三）借鉴西点及国外面点小吃的做法，发展中式面点

借用西点和国外面点小吃的制作技法是创新的又一方式，西点主要来源于欧美国家的点心，它是以面粉、糖、油脂、鸡蛋和乳品等为原料，辅以鲜果品和调味料，经过调制成形、装饰等工艺过程而制成的具有一定色、香、味、形、质的营养食品。面点行业在西方通常被称为"烘焙业"，在欧美国家十分发达，西点不仅是西式烹饪的组成部分（即餐用面包和点心），而且是独立于西餐烹调之外的一种庞大的食品加工行业，成为西方食品工业的主要支柱产业之一。中式面点可以直接吸收借鉴一些有益的、适合我国国情的操作方法，来丰富中式面点的品种。例如，广式点心有很多特色的品种就借鉴了西点的技术。

目前，从面点的消费对象来看，大众化是其主要特点。因此，面点作为商品，必须从市场出发，以解决大众基本生活需求为目的。可以说，随着中外交流的日益频繁，借鉴西餐的成功经验来发展中式面点已成必然趋势。

## （四）开发功能性面点和药膳面点

功能性面点是指除具有一般面点所具有的营养功能和感官功能（色、香、味、形等）外，还具有一般面点所没有或不强调的调节人体生理活动的功能的面点。它具有享受、营养、保健和安全等功能。药膳

学习笔记

重/难点解析

::重点

::难点

学习笔记

面点即药材与面点原料相配伍而做成的面点，它具有食用和药用的双重功能。当前，由于空气和水源等污染加剧，各种恶性发病率逐渐上升，研究开发功能性面点和药膳面点，已成为中式面点发展的主要趋势之一。

## （五）走"三化"之路，以保证中式面点的质量

"三化"的含义是指，面点品种配方标准化、面点生产设备现代化和品种生产规模化。只有走"三化"之路，才能保证面点的质量，才能向消费者提供新鲜、卫生、安全、营养、方便的有中国特色的面点产品，才能满足人们对面点快餐不断增加的需求量。

## （六）改革传统配方工艺

中式面点的许多品种营养成分过于单一，有的还含有较多的脂肪和糖类，因此，在继承传统优秀面点遗产的基础上，要改革传统配方及工艺。例如，可以从低热、低脂、多膳食纤维、维生素、矿物质等角度入手，研发出适合现代人需求的营养平衡面点品种；再如，从原料选择、形成工艺等环节入手，对工艺制作过程进行改革，以研发出适应时代需要的特色品种或拳头产品。

## （七）加强科技创新

加强科技创新包括开发原料新品种和运用新技术、新设备两个方面。开发原料新品种，不但能满足面点制品在工艺上的要求，而且还能提高产品的质量。例如，各种类型的面粉可使不同面点品种从口味上、口感上都有很大的提高。

新技术包括新配方、新工艺流程，它不但能提高工作效率，而且还可以增加新的面点品种。新设备的使用不但可以改善工作环境，使人们从传统的手工制作中解放出来，而且还有助于形成批量生产，使产品的质量更加统一、规范。

## （八）改革宴席结构

目前，面点在传统宴席中所占的比例较小，形式较为单调，因此，可以尝试与菜点结合的方式改革宴席的结构，以此来丰富我国饮食文化内涵。

中式面点需要创新的内容还有很多方面，中式面点师在创新面点新作品时，既要敢于海阔天空、无所顾忌、无宗无派，又要"万变不离其宗"，这个"宗"就是紧紧抓住中国烹饪的精髓——以"味"为主、以"养"为目的和"适口者珍"。中式面点的创新任重而道远，有着广阔的发展空间，也需要我们踏实勤奋地去挖掘、尽心尽力地去培育、求真务实地去研究。只有这样，中式面点的创新才能持久、充满活力，也才能将具有悠久历史的中国面点文化发扬光大。

重/难点解析

∷重点

∷难点

## 四、现代面点创新开发的发展趋势

### （一）提倡回归自然

在现代科技发达、生活质量不断提高的情况下，人们不得不对传统的面点小吃进行重新审视，由于面粉和大米的主食地位日渐下降，当回归自然之风吹向饮食行业时，人们逐渐倾向于食用天然的原生态的食品。例如，人们再次用生物发酵的方法烘制出具有诱人芳香味美的传统面包，用最古老的酸面种发酵的方法制成的面包，就越来越受到广大食客的青睐。

### （二）提倡天然保健食品

由于面点小吃制作技术的不断求新求变，人们曾采用加入各式各样的辅料、添加剂等的方法来丰富面点、小吃的品种，但这样制作的成品营养价值却不高，食后不利于健康，所以人们现在都喜欢吃天然的、绿色的、具有保健功能的食品。例如，杂粮类的面点，过去因颜色较暗、外观不够美观、口感粗糙、口味不够香甜而被人们忽略，如今却因其含有较多的蛋白质、纤维素、矿物质的元素而成为时尚的保健食品。

### （三）提倡吃粗杂粮面点和小吃

长时间以来为人们所追求的大米、面粉逐渐失宠，那些投放在酒店、市场或超市内且标榜卫生、精细加工而成的大米、面粉，逐渐失去了吸引力，而利用全麦面粉、粗米、杂粮制成的面点小吃却很受欢迎。

### （四）重视提高技艺

各级组织或单位要经常举办有关面点的各类比赛和展示，以增加专业人士互相交流、学习、品鉴的机会，以此不断改进面点制作工艺。例如，各国面点名师不断示范、交流，带来了各地的特色面点和小吃；各国食品厂家为了推销自己的产品，也使世界面点业走向了技术化、信息化。这些都有利于面点师开阔视野，提高技艺，同时也可使面点的制作工艺得到丰富，使面点制品更有特色。

### （五）重视科学研究

日本、泰国、瑞士、美国等国家均设置有面食培训及研究中心，其谷物化工、食品工程、食物科学和营养学方面的专家也较多，他们既注意吸取其他国家的成功经验，又注重突出本国的特色，坚持不懈地在各款面点的用料、生产过程等方面进行探索和改良，从而使得面点得到不断的发展和创新。我们国家的相关从业人员也应不断加强对中式面点和小吃的科学研究，以加快中式面点进一步走向世界的步伐。

学习笔记

项目总结与感悟

学习笔记

## 项目 3　功能性面点的开发与利用

### 一、功能性面点的概念

人类对食品的要求，首先是能吃饱，其次是能吃好。当这两个要求都得以满足之后，就希望所摄入的食品对自身健康有促进作用，于是出现了功能性食品。现代科学研究认为，食品具有三项功能：一是营养功能，即能提供人体所需的各种营养素；二是感官功能，即能满足人们不同的嗜好和要求；三是生理调节功能。而功能性食品即指除具有营养功能（一次功能）和感官功能（二次功能）之外，还具有生理调节功能（三次功能）的食品。

依据以上所述，功能性面点可以被定义为：除具有一般面点所具备的营养功能和感官功能（色、香、味、形）外，还具有一般面点所没有的或不强调的调节人体生理活动的功能的面点。

重/难点解析

:: 重点

同时，作为功能性面点还应符合以下几方面的要求：由通常面点所使用的材料或成分加工而成，并以通常的形态和方法摄取；应标记有关的调节功能；含有已被阐明化学结构的功能因子（或称有效成分）；功能因子在面点中稳定地存在；经口服摄取有效；安全性高；作为面点为消费者所接受。

据此，添加非面点原料或非面点成分（如各种中草药和药液成分）而加工生产出的面点，不属于功能性面点的范畴。

### 二、功能性面点与食疗面点、药膳的关系

:: 难点

中国饮食一向有同医疗保健紧密联系的传统，药食同源、医厨相通是中国饮食文化的显著特点之一。

食疗也称食物疗法，又称饮食疗法，指通过烹制食物以膳食方式来防治疾病和养生保健的方法。具有食疗作用的面点称为食疗面点。

药膳发源于我国传统的饮食和中医食疗文化，药膳面点是在中医学、烹饪学和营养学理论指导下，严格按照药膳配方，将中药与某些具有药用价值的面点原料相配伍，采用我国独特的饮食烹调技术和现代科学方法制作而成的具有一定色、香、味、形的美味面点。它是中国传统的医学知识与烹调经验相结合的产物。它"寓医于食"，既将药物作为

食物，又将食物赋以药用，药借食力，食助药威，二者相辅相成，相得益彰；既具有较高的营养价值，又可防病治病、保健强身、延年益寿。因而，药膳既不同于一般的中药方剂，又有别于普通饮食，是一种兼有药物功效和食品美味的特殊膳食。

功能性面点与药膳相比较，其根本区别是原料组成不同。药膳是以药物为主，如人参、当归等，其药物的药理功效对人体起作用。而功能性面点采用的原料是食物，同时还包括传统上既是食品又是药品的原料，如红枣、山楂等。通常的面点原料本身含有生物防御、生物节律调整、防治疾病、恢复健康等功能，对生物体具有明显的调整功能。

"食疗面点"这个通俗称谓从未有人给出明确和严格的定义。汪福宝等主编的《中国饮食文化辞典》中"食疗"词目中写道："食疗内容可分为两大类，一为历代行之有效的方剂，二为提供辅助治疗的食饮。"另据《中国烹饪百科全书》"食疗"词目中写道："应用食物保健和治病时，主要有两种情况：①单独用食物……②食物加药物后烹制成的食品，习惯称为药膳。"根据以上对"食疗"的解释，"食疗面点"包括药膳面点和功能性面点两部分内容。

重/难点解析

::重点

既然食疗面点包括功能性面点，为什么不用"食疗面点"，而采用"功能性面点"来叙述，这里有如下几方面的原因：其一是食疗面点突出的是"疗"字，会给部分消费者造成误解，认为食疗面点和药膳面点一样，疗效是添加中草药的结果，而把功能性面点的内容完全忽略掉；其二是受到中医学"药食同源，药食同理，药食同用"的影响，采用"食疗面点"叙述，非常容易混淆仪器与药物的本质，把食疗面点理解成加药面点或者是食品与药物的中间产物。食品与药物的本质区别之一体现在是否存在毒副作用上。正常摄食的面点绝不能带任何毒副作用，且要满足消费者的心理和生理要求；药物则是或多或少地带有毒副作用，正如俗话所说"七分药三分毒"，所以药膳应在医生指导下辨证施膳，因人施膳，食用量也要严格控制。其三是"功能性面点"一词，适合21世纪中国食品工业的发展趋势。营养、益智、疗效、保健、延年益寿等是21世纪中国食品和保健食品市场的发展方向。其四是突出了食物原料本身具有的保健功能，强调它是保健面点而不是药膳面点，更不是药品。

::难点

功能性面点具有四种功能，即享受功能、营养功能、保健功能及安全功能。而一般性面点没有保健功能或者说有很小的保健功能，达到可忽略程度。面点中都含有丰富的营养成分，具有营养功能不等于有保健功能，不同的营养及量的多少，对个体的作用有很大差异性，甚至具有

学习笔记

反差性。如高蛋白质、高脂肪的动物性食物，其营养功能是显而易见的，但对心血管病和肥胖病人来说，不但没有保健功能，反而会产生副作用。保健功能是指对任何人都具有的预防疾病和辅助疗效的功能，如能良好地调节人体内器官机能，增强机体免疫能力，预防高血压、血栓、动脉硬化、心血管病、癌症、抗衰老以及有助于病后康复等功能。总之，面点具有保健功能就是指面点具有有益于健康、延年益寿的作用。

功能性食品起源于我国，已为世界各国学者所公认。食疗面点是中国面点的宝贵遗产之一。邱庞同的《中国面点史》一书写道："食疗面点中的食药，本身就具有各种疗效，再与面粉配合制成各种面点后，便于人们食用，于不知不觉中治病，食疗面点确实是中国人的一个发明创造。"因此，我们要努力对之加以发掘、整理，同时利用现代多学科综合研究的优势，发展中国特色的功能性面点。

### 三、功能性面点允许使用的原料

重/难点解析

:: 重点

根据我国相关法律的规定，食品是指各种供人食用或者饮用的成品和原料，以及按照传统既是食品又是药品的物品，但是不包括以治疗为目的的物品。

#### （一）既是食品又是药品的物品

按照传统，既是食品又是中药材的物质是指具有传统食用习惯，且列入《中华人民共和国药典》及相关中药材标准中的动物和植物可食用部分。

:: 难点

第一批　丁香、八角茴香、刀豆、小茴香、小蓟、山药、山楂、马齿苋、乌梢蛇、乌梅、木瓜、火麻仁、代代花、玉竹、甘草、白芷、白果、白扁豆、白扁豆花、龙眼肉（桂圆）、决明子、百合、肉豆蔻、肉桂、余甘子、佛手、杏仁（甜、苦）、沙棘、牡蛎、芡实、花椒、赤小豆、阿胶、鸡内金、麦芽、昆布、枣（大枣、酸枣、黑枣）、罗汉果、郁李仁、金银花、青果、鱼腥草、姜（生姜、干姜）、枳椇子、枸杞子、栀子、砂仁、胖大海、茯苓、香橼、香薷、桃仁、桑叶、桑葚、橘红、桔梗、益智仁、荷叶、莱菔子、莲子、高良姜、淡竹叶、淡豆豉、菊花、菊苣、黄芥子、黄精、紫苏、紫苏籽、葛根、黑芝麻、黑胡椒、槐米、槐花、蒲公英、蜂蜜、榧子、酸枣仁、鲜白茅根、鲜芦根、蝮蛇、橘皮、薄荷、薏苡仁、薤白、覆盆子、藿香。

第二批　当归、山奈、西红花（藏红花）、草果、姜黄、荜茇。

第三批　党参、荒漠肉苁蓉、铁皮石斛、西洋参、黄芪、灵芝、山茱萸、天麻、杜仲叶。

**（二）新资源食品**

　　新资源食品是在我国新研制、新发现、新引进的无食用习惯的，符合食品基本要求的物品。《新资源食品管理办法》规定，新资源食品具有以下特点。

　　（1）在我国无食用习惯的动物、植物和微生物。

　　（2）从动物、植物、微生物中分离的在我国无食用习惯的食品原料。

　　（3）因采用新工艺生产导致原有成分或者结构发生改变的食品原料。

　　新食品原料名单（部分）见表8-1。

表8-1　新食品原料名单（部分）

| 序号 | 名称 | 拉丁名/英文名 |
|---|---|---|
| 1 | 低聚木糖 | Xylo-oligosaccharide |
| 2 | 透明质酸钠 | Sodium hyaluronate |
| 3 | 叶黄素酯 | Lutein esters |
| 4 | L-阿拉伯糖 | L-Arabinose |
| 5 | 短梗五加 | *Acanthopanax sessiliflorus* |
| 6 | 库拉索芦荟凝胶 | *Aloe vera* gel |
| 7 | 低聚半乳糖 | Galacto-oligosaccharides |
| 8 | 水解蛋黄粉 | Hydrolyzate of egg yolk powder |
| 9 | 珠肽粉 | Globin peptide |
| 10 | 人参（人工种植） | *Panax Ginseng* C.A.Meyer |
| 11 | 蛹虫草 | *Cordyceps militaris* |
| 12 | 菊粉 | Inulin |
| 13 | 多聚果糖 | Polyfructose |
| 14 | γ-氨基丁酸 | Gamma aminobutyric acid |
| 15 | 初乳碱性蛋白 | Colostrum basic protein |
| 16 | 共轭亚油酸 | Conjugated linoleic acid |
| 17 | 盐藻及提取物 | *Dunaliella salina*（extract） |
| 18 | 鱼油及提取物 | Fish oil（extract） |
| 19 | 甘油二酯油 | Diacylglycerol oil |
| 20 | 地龙蛋白 | Earthworm protein |

重/难点解析

∷重点

∷难点

续表

| 序号 | 名称 | 拉丁名/英文名 |
|---|---|---|
| 21 | 乳矿物盐 | Milk minerals |
| 22 | 牛奶碱性蛋白 | Milk basic protein |
| 23 | 广东虫草子实体 | *Cordyceps guangdongensis* |
| 24 | DHA藻油 | DHA algal oil |
| 25 | 棉籽低聚糖 | Raffino−oligosaccharide |
| 26 | 植物甾醇 | Plant sterol |
| 27 | 植物甾醇酯 | Plant sterol ester |
| 28 | 花生四烯酸油脂 | Arochidonic acid oil |
| 29 | 白子菜 | *Gynura divaricata*（L.）DC |
| 30 | 诺丽果浆 | Noni puree |
| 31 | 酵母β−葡聚糖 | Yeast β−glucan |
| 32 | 磷脂酰丝氨酸 | Phosphatidylserine |
| 33 | 玉米低聚肽粉 | Corn oligopeptides powder |
| 34 | 雨生红球藻 | *Haematococcus pluvialis* |
| 35 | 翅果油 | *Elaeagnus mollis* Diels oil |
| 36 | 元宝枫籽油 | *Acer truncatum* Bunge seed oil |
| 37 | 牡丹籽油 | Peony seed oil |
| 38 | 玛咖粉 | *Lepidium meyenii* Walp |
| 39 | 异麦芽酮糖醇 | Isomaltitol |
| 40 | 植物甾烷醇酯 | Plant stanol ester |
| 41 | 小麦低聚肽 | Wheat oligopeptides |
| 42 | 蛋白核小球藻 | *Chlorella pyrenoidesa* |
| 43 | 乌药叶 | *Linderae aggregate* leaf |
| 44 | 辣木叶 | *Moringa oleifera* leaf |
| 45 | 蔗糖聚酯 | Sucrose ployesters |
| 46 | 茶树花 | Tea blossom |
| 47 | 盐地碱蓬籽油 | *Suaeda salsa* seed oil |
| 48 | 美藤果油 | *Sacha inchi* oil |

重/难点解析

::重点

::难点

续表

| 序号 | 名称 | 拉丁名/英文名 |
|---|---|---|
| 49 | 盐肤木果油 | Sumac fruit oil |
| 50 | 阿萨伊果 | Acai |
| 51 | 裸藻 | *Euglena gracilis* |
| 52 | 丹凤牡丹花 | *Paeonia ostii* flower |
| 53 | 长柄扁桃油 | *Amygdalus pedunculata* oil |
| 54 | 光皮梾木果油 | *Swida wilsoniana* oil |
| 55 | 青钱柳叶 | *Cyclocarya paliurus* leaf |
| 56 | 低聚甘露糖 | Mannan oligosaccharide（MOS） |
| 57 | 显齿蛇葡萄叶 | *Ampelopsis grossedentata* |
| 58 | 磷虾油 | Krill oil |
| 59 | 壳寡糖 | Chitosan oligosaccharide |
| 60 | 水飞蓟籽油 | *Silybum marianum* Seed oil |
| 61 | 御米油 | Poppyseed oil |
| 62 | 塔格糖 | Tagatose |
| 63 | 奇亚籽 | Chia seed |
| 64 | 圆苞车前子壳 | *Psyllium* seed husk |
| 65 | 茶叶茶氨酸 | Theanine |
| 66 | 茶叶籽油 | *Tea Camellia* seed oil |

## 四、功能性面点基料

### （一）功能性面点基料的种类

功能性面点中真正起生理作用的成分，称为生理活性成分，富含这些成分的物质则称为功能性面点基料或生理活性物质。显然，功能性面点基料是生产功能性面点的关键。

就目前而言，已确定的功能性面点基料主要包括以下八大类，具体品种有上百种。

（1）活性多糖　包括膳食纤维、抗肿瘤多糖等。

（2）功能性甜味料　包括功能性单糖、功能性低聚糖等。

（3）功能性油脂　包括不饱和脂肪酸、磷脂和胆碱等。

（4）自由基清除剂　包括非酶类清除剂和酶类清除剂等。

学习笔记

重/难点解析

∷重点

∷难点

（5）维生素　包括维生素A、维生素E和维生素C等。

（6）微量活性元素　包括硒、锗、铬、铁、铜和锌等。

（7）肽与蛋白质　包括谷胱甘肽、降血压肽、促进钙吸收肽、易消化吸收肽和免疫球蛋白等。

（8）乳酸菌　特别是双歧杆菌等。

**（二）生理活性成分的合理食用**

功能性面点中无论是哪种有益于健康的营养或生理活性成分，摄入时都应有一个量的概念。无论是对健康人，还是对特殊生理状况的人，任何元素单独过多地食用，均会带来不良后果，甚至走向反面。"平衡即健康"是传统医学的主导思想，因此，要强调各类营养成分及生理活性成分的总体平衡。

（1）要强调人体所需基本营养素，如蛋白质、脂肪、碳水化合物、维生素、微量元素等的平衡。

（2）特殊生理状况的人摄取的生理活性成分也应注意平衡。

只有遵循科学、平衡的原则，才能真正发挥功能性面点中的生理活性成分的积极促进作用。

## 五、功能性面点的分类

首先要确定分类标准。有研究认为：在人体健康态和疾病态之间存在一种第三态，或称诱发病态。当第三态积累到一定程度时，机体就会产生疾病。因而可以认为，一般食品为健康人所食用后，人体从中摄取各类营养素，它同时满足人的色、香、味、形等感官需求，更重要的是它将作用于人体的第三态，促使机体向健康状态复归，达到增进健康的目的。根据上述观点，我们可以以功能性面点的食用对象和功能作为标准对功能性面点进行分类。

具体分类如下。

（1）以健康人为食用对象，以增进人体健康和各项体能为目的的功能性面点。再按其功能可分为：延年益寿面点、增强免疫功能面点、抗疲劳面点、健脑益智面点、护肤美容面点等。

（2）以健康异常人为食用对象，以防病和治病为目的的功能性面点，即疗效面点。再按其功能可分为：降血脂面点、降糖面点、减肥面点等。

# 参考文献

[1] 钟志惠. 面点工艺学[M]. 成都：四川人民出版社，2002.

[2] 钱峰，时蓓. 面点原料知识[M]. 2版. 北京：中国轻工业出版社，2018.

[3] 赵洁. 面点工艺[M]. 北京：机械工业出版社，2011.

[4] 张松. 面点工艺[M]. 成都：西南交通大学出版社，2013.

[5] 陈迤. 面点制作技术. 中国名点篇[M]. 成都：西南交通大学出版社，2013.

[6] 刘居超. 中式面点制作实训教程[M]. 北京：中国轻工业出版社，2016.

[7] 杨爱民，范涛，李东文. 中式烹调工艺[M]. 武汉：华中科技大学出版社，2020.

[8] 邱庞同. 中国面点史[M]. 青岛：青岛出版社，2010.

[9] 商连生. 职业精神与职业素养[M]. 武汉：华中科技大学出版社，2020.